JN262045

誕生樹

―日々を彩る366の樹木―

椋 周二 [著]

八坂書房

はじめに

"葉々清風（ようようせいふう）"

　これは禅僧・虚堂和尚の言葉で、弟子たちが志を立て旅立つ折に、はなむけとして作った詩の一節「君が為に葉々清風を起こす」からきたものです。人と人の、ことに信頼しあっている者同士の清々しい心の交流をとらえたものといわれていますが、人間と自然との関係を詠っているとも考えられます。「君（人間）の為に（樹木の）葉々（は）清風を起こす」と。

　樹木は、光合成により二酸化炭素を取り込みながら酸素を出すだけでなく、花を咲かせ、香りを漂わせ、果実を実らせ、木蔭を作り、そして有用な木材となり、常に人間の傍らに存在しています。直接五感を通して木々を楽しむだけでなく、木と人との関わりにおもしろさを見出すことが、年齢を重ねるごとに増えてきました。

　ここに紹介した366本の樹木は、日々に関わるさまざまなエピソードを中心に1年366日の『誕生樹』としてまとめたものです。

　誰にも誕生日があり、それは特別な日。家族や大切な人の誕生日のお祝いに花や樹木をプレゼントする際の、あるいはハイキングや植物園に出かけるときの参考にしていただけたら嬉しく思います。また誕生日にこだわらず、紹介したエピソードからまたひとつ好きな樹木に出会い、"葉々清風"となるきっかけとしていただけたなら望外の幸せです。

1月

January

睦月

1/1　マツ　松　　　　　　　　　　　　　　　　　　　　　　マツ科

　新しい年の始まりにふさわしい木といえばやはり、マツであろう。めでたいことを意味する「松竹梅」のトップバッターにマツが位置づけられている。それは、常緑で形状もよく、神が降臨する木（依代〔よりしろ〕）として扱われることや、2本の葉は落ちても離れないことから、来世でも添い合う夫婦仲のよさを表すのだという。正月に門松を飾り、能舞台に「影向〔ようごう〕の松」が描かれるのは、神を迎え入れようという気持ちの表れである。日本人にとってマツは特別な木といえる。

1/2 サカキ 榊

ツバキ科

　サカキは常緑の小高木で、つねに緑の葉が茂る「栄える樹」が転じてサカキとなった。漢字の「榊」は国字であり、神に捧げる神聖な木を表している。天照大神が岩戸隠れをした折、サカキに玉などをつけてお出ましを願ったという神話に由来する玉串は、今では紙垂をつけたサカキの枝が使われていて、正月の初詣や結婚式などの神事には欠くことができない。ただ、サカキは東日本には自生していないので、代わりにヒサカキが使われることが多い。

1/3 ダイダイ 橙

ミカン科

　橙色という色の名前のルーツにもなっているダイダイは、中国から入ってきた「回青橙」という品種の柑橘類である。初冬に実が熟するとまさに橙色になるが、次の春にはふたたび緑色になるという回青現象を伴いながら、果実は三代（年）分が同時に見られ、代々繁栄を象徴するのだという。また、実をもがずに残しておくと、翌夏ひとまわり大きくなって緑色に戻るため、若さが蘇るとか不老長寿をも意味するという。正月のお飾り、鏡餅に欠かせない縁起物である。

1/4　マンリョウ　万両　　　　　　　　ヤブコウジ科

　縁起物の鉢にも使われるこの木は、冬には緑の葉に赤い実が鮮やかに映えて、いかにもめでたい。よく似たものに、センリョウ（千両）、ヒャクリョウ（百両、カラタチバナ）、ジュウリョウ（十両、ヤブコウジ）があって、ややこしい。センリョウ以外はすべてヤブコウジ科で、なかでもマンリョウが最も背丈が高く、いちばん目立つ。マンリョウは実が葉の下につき、センリョウより地味な感じがするが、茶室の庭などにはよく似合う。季節は小寒、雪中のマンリョウも風情がある。

1/5　シャリンバイ　車輪梅　　　　　　バラ科

　関東地方以南に分布する常緑低木で、葉が車輪状につき、花の形がウメに似ることから名づけられたという。排気ガスなどにも強いようで、道路沿いによく植えられている。花は白くやや地味だが、4月頃から相当長い間咲く。このシャリンバイ、奄美大島ではテーチキ（テーチ木）と呼ばれ、大島紬にはなくてはならない。テーチキの根や樹皮、材を煎じた液で先染めしてから泥につけるという泥染めによって独特の風合いが生まれるのだという。毎月5日は奄美大島が決めた「紬の日」。

1/6 キイチゴ　木苺　木莓　　　　　　　　バラ科

　明治12（1879）年のこの日、上野の風月堂が新聞広告にはじめて「ケーキ」という言葉を使ったことから、この日は「ケーキの日」となった。ケーキといえばチョコレートやイチゴが連想されるが、ブラックベリーやラズベリーなどのキイチゴもケーキの飾りによく使われる。黒や赤に染まった実はデコレーションにぴったりだが、少し苦みのある味も、ケーキの甘さを際立たせてくれる。

1/7 グラスツリー　　　　　　　　ススキノキ科

　おせち料理に飽きた胃のことを考えてか、1月7日は七草粥の日。一般に、草と木の区別はなかなかむずかしいらしい。ごく大雑把には、セルロースでできた細胞壁にリグニンなどの物質が蓄えられて木質化した組織を形成するのが木なのだという。しかし、木のなかにも草（グラス）のようなものがあり、話はややこしい。グラスツリーは草のような葉をもつ、オーストラリア特産の樹木。山火事があると、開花が促され、白い花をつける。

1/8 バクチノキ　博打木　　　　　　バラ科

　幹が太くなると鱗状に皮が剥げてつるつるした赤褐色になる。これを博徒が博打に負けて身包み剥がされる姿になぞらえて名づけられたという。ユニークなのは名前ばかりでなく、花の形からはちょっと戸惑うがウメやサクラと同じバラ科の植物である。この木の葉を水蒸気蒸溜してつくられた水を「バクチ水」といい、鎮咳薬として使われる。木自体は、ちゃんと役に立っているのである。1月8日は「一か八か」の語呂合せから「勝負事の日」。

1/9 カリン　榠樝　花梨　　　　　　バラ科

　江戸の中頃に活躍した人気力士谷風（かぜ）は、相撲では敵なしだったが、流行り風邪にかかり、寛政7（1795）年1月9日に死亡した。この日は「風邪の日」。風邪にかかると、カリンのど飴のお世話になる人も多いのではないか。カリンは中国原産で、冬には明るい黄色の洋梨あるいは瓜のような実をつける。果実は香りがよいので芳香剤代わりにされることもある。咳止め、のどの薬のほか幅広い用途に役立つため「杏一益、梨二益、花梨三益」という諺にもなっている。

1/10 ナンテン　南天　　　　　　　　　　メギ科

　ナンテンの名は中国名の「南天燭」「南天竹」にちなむが、「難を転じる」に掛けて、昔から厄除けとして玄関先や戸口などに多く植えられている。戦に向かう武士がお呪いにナンテンを鎧(よろい)にしのばせたともいう。健康祈願から箸の材料にも使われる。常緑の低木で、冬には赤い実をつけ鳥の餌にもなるが、咳止めなどの薬効があり、のど飴でもおなじみ。昭和23（1948）年1月10日に110番制度が始まったことから、この日は「110番の日」。災難とは縁がないに越したことはない。

1/11 ヒマラヤスギ　ヒマラヤ杉　　　　　マツ科

　原産地は世界最高峰のエベレスト（チョモランマ）があるヒマラヤ西部からアフガニスタン。マツ科の常緑針葉樹であるが、葉がスギに似ているため「ヒマラヤスギ」と名づけられた。日本には明治のはじめ頃に渡来し、公園などによく植えられている。枝ぶりからはヒマラヤに住むと信じられている雪男を連想させる。1月11日はヒマラヤで有名なネパールの国家統一の日。

1/12 桜島コミカン 桜島小蜜柑　　ミカン科

　幕末の国士平野國臣が「わが思い熱き心に比ぶれば煙は薄し桜島山」と詠った幕末の頃は、桜島もおとなしかったのだろうか。大正3（1914）年1月12日には、史上最大の大噴火が起き、噴出した溶岩によって桜島は大隅半島と地続きになった。この日は「桜島大噴火の日」。桜島の特産は、日本で最も大きくなる大根「桜島大根」と最も小さいミカン「桜島コミカン」。どちらもやせた土地の産物にしては、水気も多く甘味も濃い。

1/13 チョウジノキ 丁子木　　フトモモ科

　国際空港には、どこでもその国独特の臭いを感じる。日本は醤油の臭いだというが、インドネシアはヤシ油と甘ったるいチョウジの臭いがする。これは「グダンガラム」という最もポピュラーな煙草にチョウジの香料が混ぜられているからだ。チョウジは丁字型あるいは釘型の蕾を乾燥させて香料に使われる。昭和21（1946）年1月13日に当時の高級たばこ「ピース」が発売されたことから、この日は「たばこの日」。

1/14　カンボタン　寒牡丹　　　　ボタン科

　四季を通じ「花の寺」として有名な奈良の長谷寺の冬は、藁に守られたカンボタンの花が見頃となる。これはボタンの二季咲き性の変種で、春芽を摘み取り冬芽を育てるのだが、たいへんな手間隙がかかるという。長谷寺には、昔、不器量を苦にした唐の皇后が、大和国の長谷寺の観音様に立願するよう仙人からいわれ熱心に信心したところ、比類なき美人になり、そのお礼に牡丹を献じたという由来が伝えられている。長谷寺にはもちろん普通のボタンもあり、4月中旬頃楽しむことができる。

1/15　クロモジ　黒文字　　　　クスノキ科

　クスノキ科の落葉低木で、樹皮に黒い斑点がつき、それが文字のように見えることから「黒文字」と呼ばれるようになったという。材は軽く緻密であり、色は灰白色でほのかな香りがある。クロモジは皮つきの爪楊枝としては最高級品である。1月15日は「楊枝供養の日」。

1/16 ヤブコウジ　藪柑子　　　　　　　　ヤブコウジ科

　暖かい地域の林床に生える常緑の低木で、冬には赤い実をつけ、たいへんかわいらしい。大伴家持の「この雪の消え残る時にいさゆかな山橘の実の光るも見む」という歌に詠われた「山橘」はヤブコウジで、この木の特徴をよく表している。1月16日は「藪入り」。昔、7月16日とこの日の年2回、住み込みで働いていた奉公人が休みをもらって里帰りできる日だった。

1/17 ピラカンサ　　　　　　　　　　　　バラ科

　生垣によく見る常緑樹で、枝に刺があり、秋に熟する赤や黄色い実は小さいがブドウの房のように集まり、遠くからは燃えているようにも見える。ピラカンサはラテン語で「火と刺」の意味だという。中国名は「火棘」。英名のファイアーソーン（Firethorn）も「火と刺」という意味である。和名は「トキワサンザシ（常盤山査子）」。赤い実はあまり鳥に食べられないのか、秋から冬にかけて楽しめる。5〜6月には白い小さな花が盛り上がるように咲く。

1/18 フリソデヤナギ　振袖柳　　　　　ヤナギ科

　恋煩いで若くして死んだ娘の柩(ひつぎ)に掛けられた振袖が同じような娘の死を誘発し、その供養に燃やされた振袖が、明暦3（1657）年1月18日から燃え続けて10万人以上の死者を出した明暦の大火の火元になったという。ここから明暦の大火は「振袖火事」ともいわれているが、この話は史実ではないらしい。フリソデヤナギは、一名アカメヤナギ（赤芽柳）とも呼ばれ、枝は赤く、早春の頃赤い新芽は白い毛でおおわれる。葉が豊かに垂れて美しいことからこの名がある。

1/19 カンヒザクラ　寒緋桜　　　　　バラ科

　原産地は中国だが、琉球諸島では野生化している。花は葉より先に下向きに垂れて咲き、その色が濃いので緋桜(ひざくら)といい、寒い頃に咲くので「寒緋桜」とか「緋寒桜」とか呼ばれる。「ヒガンザクラ（彼岸桜）」との混同を避けてカンヒザクラが一般的になりつつある。沖縄県の名護市や本部町で1月の下旬からはじまる桜祭りはこの花がお目当て。もちろん、サクラの国日本で最も早い花見が楽しめる。

1/20　ヒカゲツツジ　日陰躑躅　　　　　　　　ツツジ科

　日本で最初の理学博士になった伊藤圭介は、シーボルトの薫陶を受け植物学でも大きな功績を残した。いろいろな植物に圭介を記念して学名がついているが、ヒカゲツツジもそのひとつで、学名は *Rhododendron keiskei* である。学名をつけたのはオランダの学者であるが、圭介がシーボルトに紹介し、ヨーロッパに持ち込まれた経緯があると思われる。関東より西の地域に分布し、岩場に自生して淡黄色の小ぶりの花をつけ、名前のとおり地味な感じのツツジである。伊藤圭介は明治34（1901）年1月20日に生涯を閉じた。

1/21　カンツバキ　寒椿　　　　　　　　ツバキ科

　名前からしてツバキのグループかと思うが、サザンカとツバキの雑種なのだという。花の感じはサザンカに似ているが、カンツバキは低木であるのに対しサザンカは高木、サザンカは10～12月に咲くのに対し、カンツバキは花の時期が長く12～3月咲きという違いがある。童謡『たきび』に歌われている懐かしい場面は垣根に使われているとするとサザンカではなくむしろカンツバキと思われる。1月21日頃は「大寒」。花の少ない寒い時期にけなげに花を咲かせてくれるカンツバキである。

1/22　ロウバイ　蠟梅　　　　　　　　　　　　ロウバイ科

　名前は蠟をしみこませたような黄色い花びらにちなむとか、臘月（旧暦12月）に咲くことからともいわれる。学名は *Chimonanthus praecox* で、その意味は「早咲きの冬の花」。寒中に咲くこの花からはほのかな芳香が漂い、春が近いことを知らせてくれる。内側の花びらは暗紫色だが、淡黄色になる「ソシンロウバイ（素芯蠟梅）」があり、全体に明るい感じのせいか好まれている。群馬県安中市松井田町では休耕地にロウバイを植え、花時には「ろうばいまつり」が開催される。

1/23　アオモリトドマツ　青森椴松　　　　　　　マツ科

　オオシラビソともいい、日本固有種。雪に強く、蔵王の樹氷はこの木に雪がついてできたもので独特の景観を見せる。青森県の八甲田山あたりが北限だが、新田次郎の小説『八甲田山死の彷徨』のモデルとなった雪中行軍は、雪の積るアオモリトドマツの中で行われたのだろう。明治35（1902）年1月23日、耐寒軍事演習中の青森歩兵第5連隊の隊員210名が遭難、指揮官の誤った判断が重なり1月25日に199名の死亡が確認された。1月23日は「八甲田山の日」。

1/24 カネノナルキ　金の成る木　　ベンケイソウ科

　1848年1月24日、カリフォルニアでマーシャルが砂金を発見し、アメリカのゴールドラッシュがはじまった。これにちなんでこの日は「金の日」。「カネノナルキ」は園芸業者の命名によるのだろう。この木の若い葉を硬貨の穴に差し込んでおくと落ちずに大きくなり、金が成ったように見せられることから名づけられたらしい。正しい和名はフチベニベンケイ、別名「花月(かげつ)」という風流な名前もあり、ピンクの可憐な星形の花をつける。

1/25 ヤブツバキ　藪椿　　ツバキ科

　西日本の照葉樹林帯に自生するヤブツバキは日本人に愛される花のひとつ。日本を代表する花を問われてサクラよりツバキを挙げる人が多いのではないか。日本のバラともたとえられるが、バラと違って花には香りがない。大原美術館の『睡蓮』は、モネにツバキをプレゼントしたことに応えて贈られたという。ツバキといえば都はるみの『アンコ椿は恋の花』にあるように伊豆大島が有名。およそ300万本が咲きそろう島では1月下旬から3月下旬まで「大島椿祭り」が開かれる。

1/26 ギンヨウアカシア　銀葉アカシア　　マメ科

　日本ではニセアカシアを俗に「アカシア」と呼ぶが、本物のアカシアは熱帯・亜熱帯の原産で、特にオーストラリアに多い。ギンヨウアカシアは鮮やかな黄色の花をつけ、フサアカシアとともに「ミモザ」と呼ばれることもある。1788年1月26日、英国のアーサー・フィリップ将軍が移民団とともに現在のシドニーのあたりに上陸したことから、この日はオーストラリアのナショナル・デー。

1/27 北山杉　　スギ科

　川端康成の小説『古都』は、京の町中に捨て子され呉服問屋に育てられた千重子と、北山杉(きたやますぎ)の村で育った苗子という美しい双子の姉妹を主人公に、数奇な運命の物語が展開していく。冬の北山杉はその本の「冬の花」の章で「実に真直ぐな」木として描写されている。画家東山魁夷はこの章の見出しにちなみ「冬の花」(北山杉)を描き、川端康成に文化勲章のお祝いとしてその絵をプレゼントしたという。

1/28　**キンカン**　金柑　　　　　　　　　　　ミカン科

　鎖国中の文政年間の頃、難破した中国の船を助けた清水港の名主柴田権左衛門がお礼にもらった砂糖漬けのキンカンから種が発芽して広まったという。「金柑」は中国名「金橘」が転訛したらしい。夏に楚々とした白い花をつけ、冬には小ぶりな実が緑色から金色（黄色）になるが、柑橘類にはめずらしく熟すると皮が甘くなり生で食べられる。ビタミンCなど栄養豊富で砂糖漬けやジャムにされ、煎じてのど薬やのど飴にもなる。「姫橘」という別名があるが、なるほどと思う。

1/29　**アスナロ**　翌檜　　　　　　　　　　　ヒノキ科

　「明日はヒノキになろう」からアスナロと名づけられたという俗説もある。ヒバ（青森）とかアテ（北陸地方）とか呼ぶ地方もある。アスナロがヒノキより劣る印象を受けるが、ヒノキチオールなどの精油分を多く含むため、特有の芳香があり、シロアリにも強く腐りにくいという長所がある。アスナロは日陰でも育つ生命力をもち、ヒノキとアスナロが混生するといずれはアスナロ林に代わっていくという。小説『あすなろ物語』の著者である文豪井上靖は1991年1月29日に没した。

1/30 アオキ 青木　　　ミズキ科

　アオキがイギリスに持ち込まれたのは1783年のこと。冬でも青々とした葉が評判になったが、雌株だけだったので特有の赤い実がならなかった。プラントハンターのロバート・フォーチュンが横浜でアオキの雄株を発見したのは、雌株の渡英からおよそ80年後のことである。アオキは耐寒性に富み、ロンドンのスモッグにも耐える庭木として多く植えられている。明治35（1902）年1月30日、日英同盟が結ばれるが、そのはるか昔から植物の世界では日英間の交流があったことになる。

1/31 ボダイジュ 菩提樹　　　シナノキ科

　釈迦がその木の下で悟りを開いたとされるインドボダイジュに葉が似ているとしてボダイジュの名がつけられた。わが国ではお寺の境内に植えられることが多い。シューベルトが曲をつけたミュラーの詩集『冬の旅』の5番目が有名な『菩提樹』であるが、これはセイヨウボダイジュであろう。ミュージカル『サウンド・オブ・ミュージック』と同じ原作によるドイツ映画『菩提樹』にもこの曲が使われているという。シューベルトは1797年のこの日に生れた。

2月

February

如月

2/1 アオギリ 青桐 梧桐 　　　　　　　　　アオギリ科

　幹が緑色で葉がキリに似ているためこの名があり、「梧桐」とも呼ばれる。たいへん丈夫で街路樹に多い。広島の原爆投下後、爆心地近くのアオギリは幹の半分が焼け焦げたにもかかわらずいち早く再生し、多くの被爆者を勇気づけたという。昔、韓国の黄帝が即位した際、アオギリに鳳が止まったことから花札にある「桐に鳳」の図ができたという。大正から昭和初期に新しい俳風を追求した河東碧梧桐は昭和12（1937）年2月1日の没。この日は「碧梧桐忌」。

アオギリの実

2/2 トベラ

トベラ科

　別名トビラノキ（扉の木）と呼ばれ、学名も *Pittosporum tobira* となっている。地域によっては、節分にこの木の枝を扉に挟んで邪鬼を追い払う習慣がある。5～6月中旬に花をつけ、秋には赤い実がなり、この実は鳥が好物にする。別名「海桐花」というが、確かに海岸べりでよく見かける。常緑低木で、花には芳香もあり、庭の鬼門の方向に植えるといいのではないだろうか。

2/3 ヒイラギ　柊　疼木

モクセイ科

　葉の鋸歯がとがっていて触ると痛い。つまり「疼ぐ（ひいら ぐ）」ことから名づけられた。昔から外敵への防御のため生垣にされてきた。節分にはこの葉に鰯の頭を添えて門口に挿し、鬼除けとする風習がある。鬼の目を鋭い葉が突くのだという。ただ、老木になると鋭い鋸歯の刺（とげ）もなくなり丸くなるのが、人間に似ていて興味深い。キンモクセイと同じモクセイ科で、晩秋には地味な白い小さな花をつけ、近づくとほのかな品のいい香りがする。

2/4　**オウバイ**　黄梅　迎春花　　　　　　　　　モクセイ科

　春、万花にさきがけて真っ先に咲くことから、中国では「迎春花」と呼ばれている。モクセイ科の落葉樹で、葉が開く前に枝から突然、まるで芽吹くように鮮やかな黄色い花をつける。花の形がウメに似ていることから、「黄梅」といわれているが、ジャスミンの仲間である。この頃は立春。

2/5　**マキ**　槇　真木　　　　　　　　　　　　　マキ科

　マキは人間にとって有用な木であり、『日本書紀』にも棺の材料にせよとある。湿気にもシロアリにも強く、沖縄・奄美では高級建材である。緑の実のつけ根の部分は果床といい、秋になると赤く色づいて食べられる。一般にイヌマキ（犬槇）とも呼ばれるが、これはすぐれた木材となるホンマキ（コウヤマキ）に一見似ていながら材質が劣ることによる。ふつうは単に「マキ」というときは、イヌマキをさし、千葉県の県木「マキ」はこの木のこと。

2/6 ギョリュウバイ　御柳梅　　　　　フトモモ科

　フトモモ科ネズモドキ属の低木で、ニュージーランドやタスマニアの原産。古くはニュージーランドに移住した人たちが、この樹の葉をお茶の代わりにしたことから、New Zealand tea treeと呼ばれている。ギョリュウバイという名前は、針状の葉がギョリュウ（御柳）に似ていて、花がウメに似ていることからつけられたという。1840年2月6日は、先住民マオリ族とイギリスとの間で「ワイタンギ条約」が締結されたことから、この日はニュージーランドのナショナル・デー。

2/7 エリカ　　　　　　　　　　　　ツツジ科

　冬から春に小さなかわいい花をつけるエリカは、英名ヒースと呼ばれ、荒れた丘陵地に生える。E・ブロンテの『嵐が丘』はヒースが生い茂るイングランドが舞台で、主人公の名もヒースクリフ（「ヒースの崖」の意味）。黒色の葯のあるジャノメエリカは春先の花屋さんの店頭に鉢植えが並べられる。世界四大ゴルフトーナメントのひとつ全英オープンの開催地セントアンドリュースは、ヒースのブッシュのある非常にタフなコースとして知られる。

2/8　セコイア

スギ科

　世界で最も大きな木（体積が世界最大）は高さ84m、根元幹の直径が11mになるジャイアントセコイアで「シャーマン将軍」と名づけられている。一方、樹高ではセコイアが世界最高で、高さ111mという記録もある。植物学者田中芳男はセコイアに「世界爺」とあてた。シャーマン将軍は南北戦争で活躍した北軍の軍人で、アトランタ攻略を指揮した。その部下がこの木を発見し、将軍にちなんでその名をつけた。シャーマン将軍は1820年2月8日生まれ。

2/9　幸福の木

リュウゼツラン科

　ハワイやポリネシアでは、広葉ドラセナを垣根に植えると悪霊を防ぎ、幸運を呼ぶという言い伝えがあるという。日本では近縁に当たるドラセナ属の「マッサンゲアナ（通称マッサン）」という園芸品種などが「幸福の木」と呼ばれている。鉢植えの観葉植物の中ではお祝いの贈り物としてよく使われる。幅広の葉は中央に縞模様があり、和名もめでたい「シマセンネンボク（縞千年木）」という。2月9日は語呂合せで、「幸福の日」。

2/10 河津桜 バラ科

河津桜(かわづざくら)は、昭和30(1955)年に伊豆の河津町に住む飯田氏が近くを流れる河津川の河原で発見したサクラで、カンヒザクラとオオシマザクラとの自然交配によると推定されている。花の色は濃いピンクで、河津川沿いに植えられた桜並木は土手の菜の花の黄色と好対照をなし、花の季節はすばらしい。河津町は本州でいちばん早いサクラが見られるところとして多くの人が訪れ、河津桜祭りが2月10日頃から1か月開催される。

2/11 ヒノキ 檜 ヒノキ科

「総檜造り」とか「檜舞台」という言葉に象徴されるように、ヒノキは高級材あるいは格別な木材とされている。江戸時代、木曾谷では、ヒノキ、アスナロ、サクラ、ネズコ、コウヤマキを「木曾五木」として、尾張藩が厳重に管理した。『日本書紀』には「船にはクスノキとスギが、柩にはマキが、宮殿にはヒノキが」とある。天地根元宮造で有名な伊勢神宮の建物もヒノキ材である。2月11日は建国記念日。

2/12 イエライシャン　夜来香　　　　ガガイモ科

　李香蘭こと山口淑子が歌う『夜来香（イエライシャン）』は甘美で中国風の情感にあふれている。歌の題名になっているイエライシャンはガガイモ科のつる性植物で、花にはいい香りがあり、特に夜になるとよく香るという。そうしたことから「夜来香」と名づけられたのだろう。2月12日は、昭和の映画界・歌謡界で人気を博し、後に政界でも活躍した山口淑子さんの誕生日。

2/13 ゴヨウマツ　五葉松　　　　マツ科

　盆栽といえばマツ、特にゴヨウマツの盆栽には独特の空気を感じる。ゴヨウマツは盆栽を代表する樹木である。それにしても、あのような狭い空間に植えられながら樹齢が数百年になるものもあるそうで、盆栽は日本の園芸が世界に誇れるもののひとつ。実際、"Bonsai"は国際語になっており、海外での愛好家も年々増えているという。毎年、この頃に日本盆栽協会の「国風盆栽展」が開催される。

2/14　カカオ

アオギリ科

　カカオの花は幹生花といって幹や枝に直接つくので、当然、果実も幹などにぶらさがりつく。古くからメキシコではこの実をすりつぶして水を加えたものを不老長寿の効果があると重宝していた。それをアステカ王モンテスマからご馳走になったコルテス将軍がスペインに持ち帰り、ココアやチョコレートが誕生した。2月14日は「バレンタイン・デー」。この日に女性が男性にチョコレートを贈る習慣は神戸の菓子メーカーが考え出したという、日本独特の習慣である。

2/15　ラワン

フタバガキ科

　ラワンはフタバガキ科のショレア属、パラショレア属、ペンタクメ属に属する南洋樹木をまとめて呼ぶフィリピン名で、材は年輪がなく、加工がしやすいため日本では合板などに利用される。最近は熱帯雨林保護のために利用が抑制されている。『平家物語』にその花の色が「盛者必衰の理をあらわす」とある「沙羅」の木もこのラワンの一種であり、昔から日本人には関係が深い。2月15日は、仏陀が2本の沙羅の木（沙羅双樹）の下で入滅した日である。

2/16　ヤマザクラ　山桜　　　　　　　　　　　　　　　　バラ科

　佐々木信綱がわが国を代表する自然詩人と評した西行法師は、武家に生まれ、出家して自然の中の人生を愛し多くの歌を創った。サクラに関するものが最も多く、「願はくは花のもとにて春死なむその如月の望月の頃」のとおり、文治6（1190）年2月16日に亡くなった。この日は「西行忌（新暦では3月15日が忌日）」。西行の頃にいう「花」はヤマザクラを指し、西行も晩年を過ごした奈良の吉野山は、山のふもとから上へと花が咲き進み、全山が淡いピンクの花におおわれ別世界となる。

2/17 クロベ　黒檜

ヒノキ科

　最近、ダム建設の是非についてさまざまな議論があり、それに携わる技術者も肩身の狭い思いをされることが多いのではないだろうか。石原裕次郎主演の映画『黒部の太陽』は、完成までに7年の歳月をかけた黒部第4ダム建設に携わった男たちのドラマで、昭和43（1968）年2月17日に公開されたが、技術者魂に感動した人も多いのではないだろうか。クロベは、ヒノキ科の針葉樹でヒノキに比べて幹や材が黒いことから名づけられた。黒部市の名はそのクロベが多いことにちなむという。

2/18 アーモンド

バラ科

　チョコレートとも相性のよいアーモンドは、種が扁平で花や実がモモに似ているので「扁桃」と書く。子供の頃、よく扁桃腺を腫らし、手術を経験した身には、扁桃腺がアーモンドの種子に似ているというのは興味もひとしおである。生産量はサクラメントを中心とするカリフォルニアが圧倒的に多く、2～3月はピンクの花におおわれるという。ひと昔前、恋人たちの待ち合わせ場所で有名だった六本木の「アマンド」はアーモンドのフランス語読みからお店の名前をつけているのだという。

2/19 ウメ（枝垂れ梅） バラ科

　この頃は、気温も少しずつ上がり、雨が降っても雪にならずに水になることから「雨水」という。三寒四温の頃。芭蕉の弟子である服部嵐雪の俳句「梅一輪一輪ほどの暖かさ」はこの頃の季節感をよく表している。"枝垂れ"といえばサクラを思い浮かべる人も多いと思うが、枝垂れ梅もなかなかで、サクラより引き締まった優雅さを感じさせる。

2/20 クマザサ 隈笹 イネ科

　クマザサの名は熊の好物だからとか熊の生息地との関係にちなむと思われがちだが、緑色の葉の周辺が白っぽく隈取りされることから名づけられたという。日本の伝統芸能である歌舞伎では、しばしば隈取り鮮やかな化粧の役者が見得をきる。慶長12（1607）年2月20日に、出雲阿国が江戸城で将軍徳川家康ら諸大名を前にして歌舞伎を披露したことから、この日は「歌舞伎の日」とされた。

2/21 ボケ 木瓜 バラ科

　夏目漱石は『草枕』で、ボケを「愚にして悟ったもの」「拙を守るという人の生まれ変わり」と評し、自らの人生観を重ねて「余も木瓜になりたい」と書いた。「木瓜咲くや漱石拙を守るべく」という句も残している。明治44（1911）年2月21日、文部省の文学博士授与に対して「肩書きは必要ない」といって辞退した。この日は「漱石の日」。ボケの名は実が瓜に似ているため「木瓜」と呼ばれたのが転じたという。その語感から損をしている気もするが、花はウメに似て味わい深い。

2/22　ネコヤナギ　猫柳　　　　　　　　　ヤナギ科

　ヤナギは「柳」と「楊」2つのグループに分けられる。前者は小野道風(おののみちかぜ)の逸話を彷彿とさせる流れるような枝のもので、後者はネコヤナギのようにピンと空に向かって伸びるような枝のものである。2月22日は語呂合せで「猫の日」。ネコヤナギは寒い冬に毛皮のコートを着たような花穂が春の訪れを告げてくれる。この花穂が猫の毛を連想させることから名づけられたという。雌花は実を結ぶとやがて柳絮(りゅうじょ)となって空中を漂いながら拡散していく。

2/23　コケモモ　苔桃　　　　　　　　　ツツジ科

　コケモモは高さ10cm程にしかならない高山植物で、コケのように枝は地をはって広がり、花色や実がモモを思わせるので名づけられた。秦の始皇帝に遣わされた徐福は大和国に不老長寿の薬を探し、富士山の霞を吸って育つコケモモの実をその薬と確信して持ち帰ったものの、すでに皇帝は死んでいたという伝説がある。富士山の五合目あたりに自生し、地元ではハマナシと呼んでジャムなどに使われている。2月23日は「富士山の日」。

2/24 アセビ　馬酔木　ツツジ科

　枝葉にアセボチンという有毒物質が含まれていて、馬が食べると脚がなえて酔ったようになるため「馬酔木」と名づけられたという。原産地は中国という説や日本および中国という説があるようだが、スズランのような壺型の花をたくさんつけ、まだ寒さの残るこの頃出会うといかにも日本的だと思う。万葉時代、大来皇女が亡き弟を偲んで詠んだ「磯の上におふるあしびを手折らめど見すべき君がありといはなくに」という歌も味わい深い。

2/25 ウメ（白梅）　バラ科

　菅原道真は901年1月25日に大宰権帥に左遷され、京都を去るとき庭の白梅を見て「東風吹かは匂ひおこせよ梅の花主なしとて春な忘れそ」と詠った。太宰府天満宮には和歌にちなみ「飛梅」が植えられているが、これは紅梅である。ふつう、白梅のほうが紅梅より早く咲くが、京都から太宰府に赴任するまでに日が経つわけで、色が異なるのも頷ける。道真は2年後の2月25日没。天満宮では道真を偲んで今も「梅花祭」が開催される。

2/26 ツバキ（紅白） 椿　　　　　ツバキ科

　春の訪れを告げる奈良東大寺の「お水取り」は、2月20日から3月14日まで民衆になり代わって行をつむ「修二会」という伝統行事であり、1000年以上続けられている。2月26日には「糊こぼし椿」という紅白の造花を修行僧がツバキの枝につけて仏壇に供えるという。東大寺開山堂には「糊こぼし椿」の原木があるが、紅い花びらに糊をこぼしたような白い斑が入ったツバキである。一連の行事は3月13日未明に松明を振りかざす「お水取り」でクライマックスを迎える。

2/27 ハンノキ 榛木　　　　　カバノキ科

　小林一茶の有名な句に「はんの木のそれでも花のつもりかな」と詠われたように、葉もつけていない裸の木に蓑虫のような房が垂れ下がっているのを見ると、あれが花なのだろうかと誰しも思う。やせ地にも生育できる強い丈夫な植物で、治山工事などにも重宝される。木々の新葉がまだ出ない寒さと暖かさが混じりあうような早春、ハンノキは地味な花をつける。

2/28 リキュウバイ　利休梅　バラ科

中国原産のリキュウバイは明治時代に渡来したといわれている。茶人として有名な千利休とは直接的な関わりはないが、茶花として使われることも多く、利休にちなんだ名前がつけられた。4～5月頃、白い5弁の楚々とした花が咲く。千利休は天正19（1591）年旧暦2月28日、秀吉の命により自害させられた。

2/29 ヒイラギナンテン　柊南天　メギ科

葉に刺があってヒイラギに似ていることと、実や樹形がナンテンに似ていることからヒイラギナンテンと名づけられた。ただし、実はナンテンのように赤ではなく、はじめ緑色だが、夏になると熟して青紫色になる。トウナンテン（唐南天）とも呼ばれているように、中国原産で江戸時代に渡来したといわれる。メギ科の常緑低木で、玄関の横、ビルの脇の植え込みなどに植栽されることが多く、2～3月頃、黄色い花をつける。

3月
March

弥生

3/1　ジンチョウゲ　　沈丁花　　　　　　　　　　ジンチョウゲ科

　中国原産で、中国名「瑞香」とあるように、春先、花が咲くと馥郁とした香りを漂わせる。夏のクチナシ、秋のキンモクセイと並ぶ香りの木である。花の香が沈香のようで、花の形が丁子に似ていることから沈丁花と名づけられたという。花弁は内側が白く外側は紫紅色で、密について半球状になる。雌雄異株で、キンモクセイと同じように、日本で植えられているものはほとんどが雄株で果実をつけず、そのぶん香りがいいのかもしれない。

3/2　ウメ（紅梅）　　　　　　　　　　　　　　　バラ科

　昔、村上天皇の御代、御所のウメが枯れたため代わりのウメの木を探させて移植したところ、その枝に「勅なればいともかしこし鶯の宿はと問はばいかがこたへむ」という歌が結びつけられていた。これをご覧になった天皇は早速持ち主だった紀貫之の娘にこのウメの木を返したという。この故事に由来するのが「鶯宿梅」と伝えられるが、これのみならず花札などウメと鶯は関係が深い。ウメで有名な太宰府天満宮では、毎年3月の上旬、ウメの花の下で曲水の宴が開催される。

3/3 モモ 桃 バラ科

　「桃の夭夭たる　灼灼たるその華 この子ここに帰がば　その室家に宜しからん」と『詩経』「桃夭」にあるように、モモは女の子の幸せを祈る花である。3月3日は「雛祭り」。「桃の節句」ともいい雛壇にはモモの花が飾られる。大伴家持が「春の苑くれなゐにほふ桃の花した照る道に出でたつをとめ」と詠い、華やいだ雰囲気がある。また、『桃太郎』伝説に象徴されるように、魔除けの霊力があるといわれ、不老長寿を願って果実を食する風習もある。

3/4 オガタマノキ 招霊の木　小賀玉木 モクレン科

　3月4日は「円の日」。日本の硬貨にはそれぞれ植物が図案化されている。1円硬貨はオガタマノキ、5円はイネ、10円はゲッケイジュ、50円はキク、100円硬貨はサクラ。500円はキリ。明治2（1869）年のこの日、政府は円形の金銀銅の貨幣を鋳造する「円貨の制度」を定めた。オガタマノキは語源説から「招霊の木」と書くこともあり、この木を神社の境内に植えて神を招くのだという。花は白く、いい香りがする。赤い実が鈴状になる。

3/5 サンゴジュ　珊瑚樹　　スイカズラ科

　花は白く枝先にまとまって6月頃咲く。初秋頃から房状に真っ赤な実をつけ、それを海のサンゴに見立てて名づけられた。熱帯魚が泳ぎまわる珊瑚礁の海はまさに「竜宮城」である。サンゴはサンゴ虫という動物の群体で、生きている部分とサンゴ虫の死骸の堅い部分から成っている。サンゴ虫が死滅するとサンゴも死んでしまう。サンゴやサンゴが生きられる海を大事にする目的で、世界自然保護基金（WWF）がこの日を「珊瑚の日」とした。

3/6 コブシ　辛夷　　モクレン科

　日本と韓国・済州島に自生する落葉高木。果実がちょうどゴツゴツした握り拳に似ていることから名づけられたという。早春、春を待ちわびたように白い花をいっせいにつける。千昌夫が歌う世界的歌謡曲『北国の春』にも歌われているが、若い頃、ジャカルタに長期赴任をしていたとき、日本を思い出しながらカラオケで大声を張り上げたことが思い出される。3月6日頃は、春の訪れを感じとっていろいろな生き物が動き出す「啓蟄」。

3/7　レインボーシャワー　　　　　　　　　　マメ科

　常夏の島ハワイを車で走っているとフジの花のように長く垂れ下がった花房をつけた木があちこちに見られる。花はオレンジや赤などのグラデーションになっている。ピンクシャワーとナンバンサイカチがハワイで自然交配して生まれたもので、ホノルルの木に指定されている。オアフ島は地形や気候条件から毎日のように雨(シャワー)が降り、虹も同時に複数見られるまさにレインボーシャワーの島。1778年3月7日、クック船長がハワイ島を発見した。

3/8　ミモザ　　　　　　　　　　マメ科

　イタリアでは3月8日は「Festa della Donna（女性の日）」。男性は春を告げるミモザの花を女性に贈る慣わしがあり、「Ilgiorno della Mimosa（ミモザの日）」とも呼ばれるという。1908年3月8日、ニューヨークの繊維工場で「パンの参政権を求める女性デモ」が起き、それに参加したイタリア人女性も多く犠牲になったことから「働く女性の日」、国際的にも「国際女性デー」となった。ミモザはフサアカシアと呼ばれ、幸せを運んでくれるような黄色い花が咲く。

3/9 ニレ 楡

ニレ科

「赤い夕日が校舎を染めて　楡の木陰に沈む頃」と歌った舟木一夫の『高校三年生』(作詞・丘灯至夫、作曲・遠藤実)は今も中高年を中心に青春の歌として親しまれ多くの人に愛されている。最近の卒業式ではどんな歌が歌われているのだろうか。卒業にあたって先生や親に感謝する気持ちは、いつの時代でも変わらずに持っていて欲しいものである。3月9日はサンキュー(Thank you)から「ありがとうの日」。

3/10 カルミア

ツツジ科

アメリカシャクナゲともいわれるアメリカ原産の常緑樹。かわいい花には、雄しべの葯が収まるくぼみができていて、ちょっと見にはレース生地のようでもあり、婦人用の日傘のようでもある。その花の様子からハナガサシャクナゲとも呼ばれている。しかし、それよりもピンクがかった蕾から砂糖菓子の「金平糖」を連想する人のほうが多いのではないだろうか。3月10日は、語呂合わせから「砂糖の日」。

3/11 クヌギ 橡　櫟

ブナ科

　クヌギは関東より西の地域に分布する落葉高木である。昔から薪炭材やシイタケ栽培のホダ木に使われ、比較的大きく丸いどんぐりをつけ、カブトムシなどが集まることもあって子供にも親しまれている。「国木」とも表記され、他にもいろいろな漢字があるが「櫟」という字もなかなか味わいがある。関東の雑木林を代表する木であり、国木田独歩は明治34（1901）年3月11日、雑木林の広がる武蔵野の自然を表現した『武蔵野』を刊行した。

3/12 ゲンカイツツジ 玄海躑躅

ツツジ科

　玄海躑躅とあるように玄界灘を挟んで九州北部と朝鮮半島に分布する。落葉性で、葉が出る前に大きなピンクの花をつけ、ツツジの中では最も早く、3月上旬頃から咲きはじめる。ツツジの名は、花が筒状に咲くことから「筒咲」が転訛したものといわれている。ツツジの仲間は北半球の温帯に分布し、特に日本では種類も多く、また園芸品種も多い。全国の市町村のシンボルの花木しても、最も多く指定されているように、代表的な人気花木のひとつである。

3/13　トサミズキ　土佐水木　　　　　　　マンサク科

　春先、淡い黄色の穂状の花をつける。ミズキの一種かと思われがちだが、マンサク科の落葉低木である。葉がミズキに似ていて、高知県の蛇紋岩地帯のみに自生するため、こう名づけられたという。学名 *Corylosis spicata* は「兜に似た穂状の花をつける」という意味で、確かに花の形をよく表している。水原秋桜子の句「土佐みずき山茱萸も咲きて黄を競い」のように、春の本格的な訪れを感じる。

3/14　ウグイスカグラ　鶯神楽　　　　　　スイカズラ科

　鶯が鳴く頃に花をつけることから名前が付けられたいう説があり、ウグイスノキという別名もある。スイカズラ属の落葉低木で、花はピンクの筒状、垂れ下がって咲く。鶯は鳴き声は目立つものの姿は地味で、なかなか見つけられないが、なんとなく似ている感じもする。夏にはグミのような赤い実をつけ、この実は甘く食べられる。この日は全国飴菓子工業組合が定めたホワイトデーでもある。

3/15 ツバキ「乙女椿」

ツバキ科

　日本を代表する花木であるツバキの中で、代表的な園芸品種が乙女椿(おとめつばき)である。名前から想像されるように花の色は淡い桃色、上品な感じがする。花びらは八重以上に多く重なって、千重(せんえ)咲きというそうだが、雌しべや雄しべが花弁状に変化して、美しく配列されている。バラにも決してひけをとらない優雅な花である。遅咲きで、4月頃まで咲いている。

3/16 ダンコウバイ 檀香梅

クスノキ科

　クスノキ科クロモジ属の落葉高木であるダンコウバイは、3月頃、葉が出る前に黄色い花が枝にまとわりつくように咲く。マンサクの花にも似ているが、枯木立の目立つ雑木林の中で、春の訪れを告げてくれる花でもある。

3/17 ヒュウガミズキ　日向水木　　マンサク科

　トサミズキより小ぶりの淡い黄色いの花をつけることから「ヒメミズキ」とも呼ばれる。宮崎県日向地方にはあまりなく、明智光秀の領地があった丹波・丹後地方に多く自生していて、光秀が日向守であったためこのように名づけられたのではないかという説がある。トサミズキの花は下を向いて咲くが、それに比べると少し横向きに花をつけるので、日に向かうということから「ヒュウガ（日向）ミズキ」となったのではと思いついたが、いかがだろうか。

3/18 ハクモクレン　白木蓮　　モクレン科

　3月18日頃は彼岸入りで春もたけなわ。この頃、関東平野などではサクラ（ソメイヨシノ）に先駆けてハクモクレンが目立つ。ハスに似た純白の花をつけるためこの名がある。中国原産で、中国名は「玉蘭」、コブシやホオノキと同じマグノリアの一種である。極楽に咲くハスの花に似て、春の彼岸頃に咲くことから彼岸会に供され、別名ハクレンゲ、ハクレンとも呼ぶ。花がよく似て紫色のシモクレン（紫木蓮）も庭木として植えられている。

3/19 ヒガンザクラ　彼岸桜　　　　　　　　　　バラ科

　開花時期が比較的早く、彼岸頃に咲くことからこの名がある。江戸で多く栽培されていたので「エドヒガン」とも呼ばれ、ソメイヨシノの片方の親といわれている。長寿の樹が多く、日本でいちばんの樹齢と幹の太さを誇る山梨県武川村の「山高神代桜」(1800年)、伊勢湾台風の被害で枯れかけて作家・宇野千代さんが蘇生に情熱を傾けた岐阜県根尾村の「薄墨桜」(1500年)、今なお元気に樹勢を保ち幽玄さを醸しだす福島県三春町の「滝桜」(1000年)の日本三大桜はすべてヒガンザクラである。

3/20 ハナキリン　花麒麟　　　　　　　　　　トウダイグサ科

　マダガスカル原産で、ゴツゴツした幹が細く立ち上がり、確かにキリンの細長い姿を連想させる。葉の基部に刺(とげ)があり、春から秋にかけてピンクの花をつける。英名はキリスト・ソーン（Christ thorn）、別名キスミークイック（Kiss-me-quick）という。動物のキリンは明治40(1907)年3月にドイツから上野動物園にはじめてやってきた。明治5(1872)年3月20日に、日本初の上野動物園が開園したことから、この日は「動物園の日」。

3/21　ツバキ（白）　椿　　　　　　　ツバキ科

　黒澤明監督の作品に『椿三十郎』がある。この映画で「椿屋敷」に囚われの身となった城代家老を救出すべく隣で待機する若者に合図として使われたのがツバキの花。白い花は突撃、赤い花は中止を示し、白いツバキの花が疏水を流れ出て行動が開始される。花がバサッと落ちる音や鶯の鳴き声、ツバキをモチーフとしてふんだんに使い、白黒映画にもかかわらず色彩を感じさせる映画である。西洋でもツバキは「日本のバラ」として有名。

3/22　ミズキ　水木　　　　　　　ミズキ科

　生き物になくてはならないのは水であり、その確保は地球的課題。1992年6月、ブラジルで開かれた国際環境会議で「アジェンダ21」が採択され、3月22日を「国連水の日（World Day for Water）」（日本では「地球と水を考える日」）と定められた。ミズキは早春、水を吸い上げ、枝を切ると水が滴り落ちるぐらい樹液が多いことから名前がつけられた。5～6月に白い花を房状につける。

3/23　ミツマタ　三椏　　　　ジンチョウゲ科

　枝先が3つに分かれることからこの名があるが、『万葉集』では三枝(さきくさ)といわれた。樹皮はコウゾ、ガンピと並ぶ紙の原料だが、ミツマタは繊維が強く紙幣の原料になる。郷里の島根県石見地方も特産地のひとつで、大きな桶のような蒸器で束ねた木の枝を蒸していた。3月下旬頃に、香りのいい小さな花を手毬のようにつける。神奈川県大和市の常泉寺は「花のお寺」として有名だが、特にベニバナミツマタが咲く3月下旬には、多くの人が訪れる。

3/24　ゲンペイクサギ　源平臭木　　　　クマツヅラ科

　大晦日の歌合戦はじめさまざまな対抗戦では紅白に組分けする場合がよくある。この起源は平安時代末期の「源平合戦」にあるといわれ、栄華をきわめた平家は紅旗を、頼朝が率いる源氏は白旗を掲げて戦いを繰り広げた。ちょうど、紅いバラを紋章とするランカスター家と白いバラのヨーク家が戦った「薔薇戦争」に似ている。元歴2(1185)年3月24日の壇ノ浦の戦いで義経率いる源氏が勝利し、決着がつく。ゲンペイクサギは、白い苞と紅い花びらの鮮やかな対比から名付けられた。

3/25　シデコブシ　四手辛夷　　　　モクレン科

　21世紀初の万国博覧会は、2005年3月25日から半年間、愛知県の東部丘陵地で開催された。はじめは瀬戸市の海上の森で計画されたが、計画地の植生を代表するシデコブシは絶滅危惧種にも指定されている。「自然保護か開発か」で揺れ、結果的に自生するシデコブシは1本も伐採しない計画に変更された。シデコブシは、花びらが注連縄に垂らされる四手(しで)に似ていることから名づけられたという。花の色は淡いピンク色で、なんとも可愛らしい。

3/26　ユキヤナギ　雪柳　　　　バラ科

　ヤナギとあるがバラ科シモツケ属の落葉低木。枝が垂れて、葉がヤナギに似ていること、白い花がつくと雪が降り積ったような感じがすることから、風流な名前がつけられた。小さな白い花をたくさんつけるが、その様子から植物学者の牧野富太郎はコゴメバナ（小米花）と呼んだ。3月の中旬から花をつけ始めるが、桜並木の下に植えたりすると花一面の世界になる。公園でボーダー状に植栽されることが多く、これまた花の時期はいいものである。

3/27 サクラ 桜

バラ科

　国花として指定がされているかどうかは別として、日本を代表する花はとなればサクラといって異論は出ないと思う。江戸時代の国文学者・本居宣長の歌にも「敷島の大和心をひととはば朝日に匂ふ山桜花」とある。バラ科サクラ属サクラ亜属が一般にいうサクラであるが、日本には自生するサクラが10種、栽培品種は300以上もあるといわれる。この本にも16、サクラを取り上げた。日本サクラ協会が3月27日を「サクラの日」と決めた。

3/28 カヤ 榧

イチイ科

　美人で名高い小野小町に言い寄る男性も多かったようで、そのひとり深草少将は100日間通うことを求められた。少将が通う数を小町はカヤの実で数え、99日目の大雪の日に通ったにもかかわらず、そこで息途絶えたという。この伝説を題材にした『はねず踊り』が3月下旬、京都伏見の小野随心院で行われる。多くの男を袖にした小町の「花の色は移りにけりないたずらに我が身よにふるながめせしまに」の歌は晩年の作と伝えられる。

3/29 ミツバツツジ　三つ葉躑躅　　　　　　　　　　ツツジ科

　ミツバツツジは落葉性で、3〜4月頃、まだ葉もない枝に鮮やかなピンクの花を咲かせ、これを見ると春も本格的になったという思いが深まる。やがて柔らかな葉が3枚出て、なるほど「三つ葉躑躅」かと納得する。「春の女神」と呼ばれているギフチョウが、ミツバツツジやカタクリの花の蜜を吸うために飛び交う姿を見ることができるが、これはピンク系の花の色に誘引されるためという。

3/30 オオシマザクラ　大島桜　バラ科

　江戸時代、向島長明寺の門番だった山本新六が木の下を掃除しながら、サクラの葉の利用を考えていて桜餅を考案したという。桜餅の葉にはオオシマザクラを使う。長明寺は現存しないが「長明寺の桜餅」は今もそのおいしさを受け継いでいる。餡子を包む餅が米粒状になのが「道明寺」で関西に多い。オオシマザクラは、伊豆大島を中心に自生し、少し大きめの品のいい白い花をつける。ソメイヨシノの片方の親で、これをもとにいろいろな品種が開発されている。

3/31 スモモ　李　バラ科

　スモモといえば「李下に冠を正さず」という格言がある。これはスモモの木の下で冠を直すような仕草をするとスモモの実を盗むと疑われるということから、人に疑われるような行動は慎みなさいという戒めの言葉。スモモが中国からわが国に入ったのは古く、大伴家持の天平勝宝2（750）年3月の歌に「わが園の李の花か庭に落りしはだれのいまだ残りたるかも」と詠われているように、春には枝いっぱいに花をつける。

4月

April

卯月

4/1　ソメイヨシノ　染井吉野　　　　　バラ科

　ソメイヨシノは東京の染井村（今の板橋区）にあった植木屋がひろめたといわれ、奈良の吉野の桜（ヤマザクラ）に匹敵する美しさから、明治33（1900）年に藤野寄命が名づけた。ふつうは実をつけないため、挿し木で殖やされている。DNA鑑定から全国のソメイヨシノは1本の原木に由来する単一のクローンであるという説も聞かれる。新しい年度がはじまる頃に咲き、入学式や入社式の思い出と重なる人は多いのではなかろうか。

4/2　レンギョウ　連翹　　　　　モクセイ科

　中国原産で、中国名「黄寿丹」、英名はジャパニーズ・ゴールデン・ベル（Japanese Golden Bell）というように、鮮やかですがすがしい黄色の花を鈴なりにつける。「手」や「鯰」などの彫刻で有名な高村光太郎は『知恵子抄』や『道程』を書いた詩人でもあるが、レンギョウの花をたいへん好み、その柩（ひつぎ）の上には日頃愛用したビールのコップにレンギョウの花が生けられた。この様子を見た佐藤春夫は知恵子の命日は「レモン忌」、光太郎の命日は「連翹忌」がふさわしいと書いている。

4/3　シダレザクラ　　枝垂れ桜　　　　　　　　　　　　バラ科

　シダレザクラといえば多くの人が京都円山公園のそれを思い浮かべるのではなかろうか。与謝野晶子の「清水へ祇園をよぎる桜月夜こよひ会う人みな美しき」の歌にもよるのかもしれない。このシダレザクラは2代目で、初代は昭和22年に枯死した。初代の株の衰えを心配した京都在住の桜守・15代目佐野藤右衛門氏が昭和2年に先代の樹の実から育てていた苗木を市に寄贈し、昭和24年に移植したという。桜守のお蔭でよみがえったシダレザクラは、毎年開花時にはライトアップされ、その幽玄な姿を一目見ようと多くの人が訪れている。

4/4 カンノンチク　観音竹　　ヤシ科

　江戸時代初期に琉球経由で日本に入り、首里の観音堂にちなんでこの名前がつけられた。慶長14（1609）年4月4日は、突如攻め入った島津藩によって琉球国王の尚寧が島津藩に連行された日。尚寧は2年後、無事に帰還したが、その後、琉球国は人質を鹿児島に送ることになった。首里の観音堂は、人質として送られていた後の8代王尚豊が鹿児島から無事に戻ったのを感謝して、父の尚久が祈願がかなった寄進として建立し、今も旅の安全を祈る人々に信仰されている。

4/5 アンズ　杏　　バラ科

　中国から奈良時代に渡来したといわれ、「唐桃(からもも)」とも呼ばれる。現在はカリフォルニアが一大産地。種子には薬効があり、杏仁豆腐は乾燥した種子（仁(じん)）から作られる。昔、中国の名医董奉(とうほう)が貧しい患者には治療費の代わりにアンズの木を植えてもらい、いつしかアンズの林ができたという故事から、「杏林」は医者の尊称となった。300年前、宇和島藩豊姫は松代藩に輿入れの際、故郷を偲ぶよすがにと種を持参し、今の長野県の更埴に植えたという。「善光寺鐘のうなりや花一里」芭蕉。

4/6　ハゴロモジャスミン　　羽衣ジャスミン　　　モクセイ科

　モクセイ科のつる性の常緑低木で、4月頃、淡いピンクの花をたくさんつけ、甘い香りを放つ。学名は *Jasminum polyanthum* で、いわゆるジャスミン茶に使われるジャスミンとは異なるが、園芸店でジャスミンとして売られているのは、おおかた、このハゴロモジャスミンである。インドでは「愛の花」といわれ、若い女性が髪に挿したり、花輪にしたりするという。

4/7　ヤマブキ　　山吹　棣棠　款冬　　　バラ科

　江戸を開いた太田道灌は、ある時、にわか雨にあい立ち寄った農家の娘に雨具を求めたところ、代わりにヤマブキの花枝を差し出されたという。娘は『後拾遺和歌集』にある兼明親王の歌「七重八重花は咲けども山吹の実の一つだになきぞ悲しき」にかけて、貧しくて蓑すらないことを伝えたのである。後にこの歌を知った道灌は、自らの無学を恥じ猛勉強をしたという。枝がかすかな風にも揺れることから「山振り」「山吹」と呼ばれるようになったという。花の時期は4月上旬。

4/8 アマチャ 甘茶 アジサイ科

　4月8日はお釈迦様の誕生を祝う花祭りの日である。子供の頃、近くのお寺に集まり、花で飾った仏壇のなかの仏像に甘茶をかけた行事を思い出す。これは、お釈迦様が誕生したときに甘露の雨が降ったという言い伝えによるとか。アマチャはアジサイ属の落葉樹で、ガクアジサイによく似た花をつける。この花の集まりにはがくが大きくなった花があり、それが額縁のように取り囲んでいる。アマチャの葉を乾かすと甘みが出てくる。甘茶はこの葉を煎じたもの。

4/9 奈良八重桜　　バラ科

奈良時代からこの花の美しさは有名で、一条天皇は宮中に移植を希望したが、興福寺の僧侶の反対に合って叶わなかった。せめてもと届けられた花の一枝によせて伊勢大輔が「いにしへの奈良の都の八重桜けふここのへに匂ひぬるかな」と歌った。大正11（1922）年、三好学博士が東大寺知足院の藪の中で再発見した。ヤマザクラの変種であるが子孫はほとんどヤマザクラに先祖帰りをし、繁殖力が弱く、移植がむずかしいという。興福寺の僧が反対したのもそのせいかもしれない。

4/10 カナメモチ　要黐　　バラ科

垣根や道路の分離帯などによく植えられ、別名アカメモチというように、4月の上旬頃、真っ赤な新芽や葉が出る。これは葉緑素が十分に形成されていない新芽を紫外線から守る色素のためであるという。なにか人の赤児のようでもある。においのきつい白い花が咲き、これがソバの花に似ているのでソバノキともいう。乾燥に強く、治山工事に使われる。中国原産のオオカナメモチとの交配によって作られた「レッド・ロビン」は燃えるような紅い新葉をつける。

4/11　ハナズオウ　花蘇芳　　　　　　マメ科

　中国原産で、名前は花の色が、染料の蘇芳(すおう)で染められた色に似ているため。蘇芳色といってもわかりにくいが、赤と紫の中間的な色である。花は、カカオやパンノキなどの熱帯植物によくあるように、幹や枝から直接出て、4月の中旬頃、葉が出る前に小さい蝶型の花がかたまって咲く。「ユダの木」と呼ばれるのは、キリストを裏切ったユダがこの木で首を吊ったためといわれるが、ユダヤ地方に多く「ユダヤの木」と呼ばれていたことによる。

4/12　パンノキ　麺麭の木　　　　　　クワ科

　天保13(1842)年4月12日、幕府内にあって改革派であった伊豆国韮山代官の江川太郎左衛門がはじめてパンを焼いたことを記念して、この日は「パンの日」。パンノキは、果肉にサツマイモに似たデンプン質を多く含み、太平洋の島々では重要な食料となる。果実が主食として食べられることから、「パンノキ」と名づけられた。英語名もブレッド・フルーツ(Bread Fruit)。日本ではほとんど温室でしか見られないが、南洋では成木になると300個ほどの実がなるという有用植物である。

4/13 コーヒーノキ　珈琲の木　　　アカネ科

　コーヒーは、日本でもすっかり定着し、喫茶店も生活の一部になっているが、最初にコーヒー店ができたのは明治19（1886）年のこと。ついで明治21年4月13日、上野に日本初の喫茶店「可否茶館（カヒーちゃかん）」が開店したことから、この日が「喫茶店の日」。インドネシアで生産される有名なシベット・コーヒーという最高級品はジャングルに自生するコーヒーの実をジャコウネコが食べて、排泄したものから種（たね）を集めて焙煎したものだという。

4/14 オレンジ　　　ミカン科

　世界中で最も生産量の多い柑橘類はバレンシア・オレンジだという。名前からはスペインのバレンシア地方原産と思われがちだが、19世紀後半にアゾレス諸島の苗木をアメリカのフロリダなどに移入したもので、おもな生産地はアメリカである。バレンシア地方のオレンジに似ているというので名づけられた。甘味が強く、ジューシーで日本でも多く消費されている。4月14日は、2人の愛を確かなものにする「オレンジ・デー」だとか。

4/15 ボタン 牡丹

ボタン科

　中国原産のボタンは「花王」といわれ、中国の国花。洛陽市（昔の長安）王城公園の「牡丹節」は、毎年4月に開催されるという。白居易の詩の一節「花開き花落ちる二十日、一城の人皆狂うが若し」から別名「二十日草」ともいわれる。現在も花の時期には市民はこぞってボタンの花に熱狂するという。魅力的な花30種を選び客に見立てた「三十客」ではボタンは「貴客」。そういえば、美しい女性をたとえて「立てば芍薬座れば牡丹歩く姿は百合の花」という諺もある。

4/16 バラ（白） 薔薇

バラ科

　映画『街の灯』では、チャップリン扮する主人公が、目の見えない花売り娘を助け、彼女の目が見えるようになる前に彼女のもとから去ってしまうのだが、やがて、目が見えるようになった彼女と再会したとき、はにかみながら白いバラにキスをするシーンがたいへん印象的であった。喜劇王チャールズ・チャップリンは1889年4月16日、イギリスのロンドンで生まれた。この日はその生誕を祝う「チャップリン・デー」。愛しい人にチャップリンのようにはにかみながらバラを贈ってはいかが。

4/17 サトザクラ　里桜

バラ科

オオシマザクラを中心にほかのサクラとの交配から生まれた園芸種だが、花が遅く4月の中旬から下旬に咲き、八重などのぽっちゃりとした感じの花が多い。京都仁和寺の「御室の桜」は、背丈は低いがなんともいえず美しく、香りも楽しめる。そんな花をお多福にたとえた「わたしゃお多福御室の桜はなは低くとも人は好く」という囃し言葉もおもしろい。「御室の桜」が満開になる頃、仁和寺の境内は春爛漫の風情が漂い、まさに蕪村の「ねぶたさの春は御室の花よりぞ」の世界になる。

4/18 カロライナジャスミン

マチン科

北アメリカのバージニア州など南東部からグアテマラにかけて原産するつる性の常緑樹で、サウス・カロライナ州の州花になっていることや、花の香りがジャスミンに似ているとして名づけられたという。だが、お茶などでおなじみのジャスミンとはグループが異なる。4月中旬からフェンスなどに絡みながら、鮮やかな黄色のラッパ状の花をこぼれるようにつけているのを見かける。ただ、香りはいいものの、古くは薬用とされた有毒植物なので注意したい。

4/19　**カワヤナギ**　川柳

ヤナギ科

　飛騨高山に近い飛騨市に古川という小さな町がある。町の中を小さな川が流れ、飛騨の匠が精魂を込めて造る住宅が建ち並ぶ落ち着いた美しい町である。その古川で4月19日「起し太鼓」で知られる勇壮な古川祭りが行われる。主役をつとめる若衆は締め込み姿に白ハチマキをキリリと締め、大太鼓にまたがり、白いヤナギのバチを振り下ろす。その年、選ばれた若衆が自らヤナギの生木からバチを作るのだという。

4/20　**ツツジ**　躑躅

ツツジ科

　北半球の温帯に広く分布するツツジは、わが国でも北海道から沖縄まで様々な種が自生し、庭などにも植えられている。全国の市町村の花木としてツツジを指定しているところはサクラよりも多く、わが国で最も親しまれている木の花といってもよいのではないだろうか。日本国内の街路樹として植えられている数は約6000万本と、2位のシャリンバイの約900万本をはるかに引き離している。

4/21 アズマシャクナゲ　東石楠花　　　　　　　ツツジ科

室生寺

　シャクナゲはヨーロッパをはじめ世界各国で親しまれているが、日本では10種類以上が自生している。シャクナゲは「女人高野」とも呼ばれる奈良の室生寺が有名で境内には3000本のアズマシャクナゲが植えられている。室生寺にシャクナゲが植えられたのは昭和初期と意外に新しく、近隣の人たちが「石楠花講」を組んで自生株を移植したのだという。4月21日、弘法大師供養の儀式がある頃、室生寺のシャクナゲは見頃を迎える。

4/22 コデマリ 小手毬 バラ科

　コデマリはバラ科シモツケ属の低木であるが、4月の下旬頃、ユキヤナギのように枝垂れながら花を咲かせる。ユキヤナギと異なる点は、小さな白い花が丸く集まり手毬のようにかたまって咲くところで、そこから「小手毬」と名づけられたという。確かに花をよく見ると花芯などが刺繍糸でつくる手毬のようでもある。コデマリに対してオオデマリ（大手毬）もあるが、こちらはガマミズ属でむしろアジサイの花に似ている。

4/23 バラ（赤） 薔薇 バラ科

　4月23日はスペイン、カルターニャ地方の守護聖人サン・ジョルディを祝うお祭りの日。この日、男性は好きな女性に赤いバラを贈り、女性は男性に本を贈る習慣がある。バラと本をプレゼントし合うというのはロマンチックではないか。紅いバラといえば、『百万本のバラ』という歌も有名であるが、浜口庫之助作詞・作曲の『バラが咲いた』のほうが身近な感じがする。4月23日はユネスコが定めた「世界本の日」でもある。

4/24 スエコザサ　寿衛子笹　　　　　　　　　　イネ科

　日本の「植物学の父」といわれている牧野富太郎は、妻の寿衛子さんが家庭や生活のことをすべて取り仕切ったお蔭で学問一筋に没頭できたといわれている。その寿衛子さんが亡くなった頃発見した笹を「スエコザサ」と命名した。妻の死を悼み「世の中のあらん限りやスエコザサ」と詠った牧野富太郎は、文久2（1862）年4月24日、高知県の生まれ。これを記念して「植物学の日」となった。

4/25 荘川桜　　　　　　　　　　　　　　　　バラ科

　岐阜県荘川村では御母衣ダム建設によって水没する中野照蓮寺、光輪寺の樹齢450年のサクラを移植しようと多くの人が立ち上がった。その結果、ダム脇の国道156号線沿いに移植された荘川桜は今も元気に人々を楽しませている。ここを通る国鉄バスの車掌だった佐藤良二さんは「太平洋と日本海を桜で結ぼう」と地道にサクラの苗木200本を植え続け、その活動が今も続いているという。名古屋・金沢250キロを結ぶ「さくら道国際ネイチャーラン」は4月25日頃の開催。

4/26 ハナミズキ　花水木　　　　　　　　　　ミズキ科

　1912年、アメリカのハドソン川開発300周年の記念式典に、西欧諸国は軍艦を出して祝ったが、時の東京市長尾崎行雄は平和と文化の象徴であるサクラの苗木3000本をタフト大統領に贈り、米国側から称えられた。そのお返しにアメリカ政府は1915年のこの日、白花のハナミズキを日本に贈り、それが各地に普及して、多くの人々に愛されている。アトランタのハナミズキに病気が蔓延したときには、二子多摩川のハナミズキが逆移入されたという。サクラとハナミズキは、日米間の平和と文化のシンボルである。

4/27　ケショウヤナギ　化粧柳　　　　ヤナギ科

　上高地は「日本近代登山の父」といわれる英国人宣教師ウェストンがヨーロッパにその素晴らしさを紹介したのだが、ケショウヤナギはその上高地を代表するヤナギで、河童橋の架かる梓川の河原に自生する。若木の木肌がシラカバのように白く、白粉をしたようになること、そして新芽が紅くなることから名づけられたという。生長すると20～30mの、堂々とした木になる。上高地は毎年4月27日に「山開き」が、6月の第一土・日には「ウェストン祭」が行われる。

4/28　ユスラウメ　梅桃　毛桜桃　　　　バラ科

　それぞれの個性を大事にして、自分らしい花を咲かせようという意味の「桜梅桃李」という言葉がある。確かにサクラもウメもモモ、スモモもみんなバラ科のサクラ属であるが、それぞれ個性がある。ユスラウメも同じサクラ属の仲間で、4月頃に花を咲かせ、5～6月頃に赤い実をつけ、しかも、この実はサクランボ（桜桃）のような味がしておいしい。漢字にすると「梅桃」とか「毛桜桃」と紛らわしいが、なかなか花といい実といい個性的である。

4/29 メタセコイア

スギ科

メタセコイアは三木茂博士が、昭和16 (1941) 年、日本の植物化石に命名した学名だが、同年、中国四川省の磨刀渓で発見された針葉樹が、その後同じものであることが報告された。そして、アメリカの植物学者メリル博士が東京大学に分けた種(たね)が昭和24年に発芽し、一方、同じアメリカのチェイニー博士が実生で育てた苗は同年に昭和天皇に献上され、吹上御所に植えられた。チェイニー博士がつけた英名ドーン・レッドウッド (Dawn Redwood) から「曙杉(あけぼのすぎ)」とも呼ばれている。昭和62年の歌会始で昭和天皇は、「わが国のたちなほり来し年々にあけぼのすぎの木はのびにけり」と詠まれた。植物に造詣の深い昭和天皇の誕生日は、今は「みどりの日」の祝日になった。

4/30 マングローブ

マングローブの支柱根

オヒルギの花

　1960年初頭からはじまったベトナム戦争は1975年4月30日に終結。米軍の枯葉作戦でダメージを受けた地域では今、マングローブの森の再生が進められている。マングローブは、ヒルギ科などの木で構成される熱帯の海岸付近にできる森のことだが、これらの木は海水をかぶる場所に適応するために幾筋もの支柱根をもつ場合が多い。海水を真水に変える能力をもち、環境に適応した卓越した性質をもつ。

5月

May

皐月

5/1　タチバナ　橘

ミカン科

　橘月は旧暦5月の異名。『枕草子』「五月のついたちのころ」の段や『古今和歌集』「さつきまつ花たちばなの香をかげば昔の人の袖の香ぞする」（詠み人知らず）にあるように、タチバナはいい香りの代表。現在も柑橘系化粧品がおもに男性用であるように、昔から男性用の香水に好まれた。ちなみに女性用はウメが代表で、紀貫之の「ひとはいさ心も知らずふるさとは花ぞ昔の香ににほひける」は昔の恋人とウメの香りを重ねている。御所には、御座所から見て右側に「右近の橘」が植えられる。

5/2　フジ　藤

マメ科

　フジは『源氏物語』をはじめ日本の古典にも多く登場し、サクラ、ツバキとともに日本を代表する花木。4月下旬から5月上旬は各地で藤祭りが行われる。野生種にはつるが右巻きのフジと、左巻きのヤマフジがあり、花穂は長く優雅に垂れて咲く。白花もあるが、藤色というように紫色が身上で、淡い香りも品がある。実は大きなエンドウ豆を薄くしたような形で、熟すると遠くに実を飛ばそうとするのか、音を立ててはじき飛ばすので注意したほうがいい。

5/3 コウヤマキ 高野槇

コウヤマキ科

遣唐使の一員として中国に渡り、真言宗を伝えた弘法大師空海は819年5月3日、金剛峯寺の建立に着手した。高野山では付近に自生するコウヤマキを仏様に供える花の代用にしたので、今も高野山の参道にはコウヤマキが用意されている。コウヤマキは一科一属一種の日本特産樹木で「木曾五木」のひとつ。良質な木材となり、弘法大師の布教にともなって全国各地に植えられた。秋篠宮家のご長男悠仁親王のお印はコウヤマキとされた。

5/4 フジザクラ 富士桜

バラ科

富士山麓一帯から箱根、伊豆半島に分布するフジザクラは、別名マメザクラといわれ、小ぶりの花が4月の下旬から5月に咲く。『古事記』の「木花開耶姫(このはなさくやひめ)」はサクラの化身とされ、富士山を祀る浅間神社の祭神でもあるので、このサクラはフジザクラではないかという説がある。富士浅間神社では、桓武時代の大噴火が治まった5月の上旬に例祭が行われる。御殿場の渡辺健二氏はフジザクラの挿し木繁殖に成功し、植樹活動に尽力されている。

5/5　カシワ　柏　　　　　　　　　　ブナ科

　5月の節句になくてはならない「柏餅」は、餅をカシワの葉で包んである。カシワの葉の縁は大きな波状のぎざぎざがある。昔、食べ物をいろいろな葉に盛っていたが、それを「炊飯葉（かしいは）」と呼び、その代表がこの木の葉であったことから名づけられたとか。ブナ科コナラ属の木なので、クヌギのようなどんぐりをつける。落葉樹なのだが、新葉が出てくるまで古い葉が落ちないことからユズリハとは逆の意味で縁起をかついだともいわれる。5月5日は「端午の節句」。

5/6　ウツギ　空木　卯木　　　　　　ユキノシタ科

　幹の中が空洞であることから名づけられ、別名ウノハナともいう。花が卯月（旧暦の4月）に咲くことにちなむ。垣根に多い。「卯の花の匂う垣根に」と歌う唱歌『夏は来ぬ』は小山作之助が先に曲を作り、『万葉集』の研究家でもあった佐々木信綱が歌詞をつけてできたという。夏の兆しを告げる花である。この頃は「立夏」。ちなみに、お豆腐のオカラでつくる「卯の花」は見た目がウツギの花に似ているためこう呼ばれるが、なかなか粋である。

5/7 ユリノキ 百合の木　　モクレン科

　北アメリカ原産の落葉高木で、伊藤圭介博士がアメリカのモレー博士から種(なえ)を贈られ、育てた苗を小石川植物園と新宿御苑に植えたことにはじまる。これらの木から実生の苗木が全国に配られた。オレンジ色の入った黄色の花がユリに似ていることから、ユリノキと名づけられた。伊藤圭介は医者でありながらシーボルトが贈ったツュンベルクの『日本植物誌』を訳し、79歳で東大教授、85歳で日本初の理学博士になった。明治21（1888）年5月7日圭介らに博士号が授与されたことから、この日は「博士の日」。

5/8 ダイオウショウ 大王松 マツ科

　中国名を「大王松」といい、ダイオウマツとも呼ばれている。北アメリカの原産で、マツの中で最も長い葉をもつことから名づけられたが、その葉は三葉（3枚の葉が1か所にまとまってつく）で長さ30〜40 cmぐらいになる。松笠も長さ15〜25 cmぐらいになり、まさにマツの中の大王である。昭和56（1981）年5月8日、「マツクイムシから松の緑を守る会」が奈良で大会を開いたことから、この日は「松の日」に。

5/9 チェリモヤ バンレイシ科

　アンデス高原の原産で、果実にはミルク色の柔らかい果肉を含み、香りもよく少し酸味はあるものの舌にとろけるような甘さがある。冷やせばまさにアイスクリームのようで、大産地のスペイン・アンダルシアでは「アイスクリームの木」と呼ばれている。チェリモヤはペルー語で「冷たい乳房」の意味だという。明治2（1869）年5月9日、横浜ではじめてアイスクリームが製造・販売されたことから、この日は「アイスクリームの日」。

5/10　ムクノキ　椋の木

ニレ科

　愛鳥週間は5月10日から始まる。木と鳥の関係は深いが、木偏で鳥を表す漢字といえばハクドリ（椋鳥）を思い出す。外見が地味で群れで行動し、あまり人に好かれないが、ムクノキの実を好物にすることから名前がつけられた。猛禽類のオオタカは食物連鎖の高位に位置し、自然保護問題でよく取り上げられるが、ムクドリもオオタカの餌になることが多い。ムクノキは葉の裏側がザラザラしていて木材を磨くのに使われたという。

5/11　カジノキ　梶の木

クワ科

　あまり一般的な木ではないが、東南アジアや日本などの照葉樹林帯に自生する。古くから布や紙の材料として栽培される。和紙の材料になるコウゾはカジノキとの交配によってできたものであるが、カジノキも和紙の材料として相当使われているという。「梶葉姫(かじのはひめ)」は七夕の織姫のことだが、この木から布を織っていたことに関係するのかもしれない。作家梶山季之は昭和50（1975）年5月11日に亡くなった。この日は梶山を偲ぶ「梶葉忌(かじのはき)」。

5/12　エゴノキ　　　　　　　　　　　エゴノキ科

　果皮にサポニンを含み、苦いことから名づけられたという。古くは実をつぶして川に撒き、魚を麻痺させて捕獲した。5月上旬頃、スノードロップのように愛らしい白い花をいっぱい咲かせる。『万葉集』に「知左(ちさ)の花　咲ける盛に　はしきよし　その妻の兒と　朝夕に　笑みみ笑まずも……」と大伴家持が詠った「知左」の木がエゴノキだという。材は粘り気があって硬く、轆轤(ろくろ)細工の材料に使われるので轆轤木ともいわれる。

5/13　カザグルマ　風車　　　　　　　キンポウゲ科

　幼い頃、色紙を対角線にそって少し切り、豆で留めをして針金で竹の先に取りつけた風車を作った経験がある。この花は郷愁を誘う風車に花の形が似ていることから名づけられた。湿地に自生するつる植物だが、野生のものは少なくなり絶滅危惧種Ⅱに指定されている。花が咲くのは5月頃。よく似た花に中国原産のテッセン(鉄線)があり、いわゆるクレマチスはカザグルマとテッセンが交配されてできた。カザグルマは花弁が8枚、テッセンは花弁が6枚という違いがある。

5/14 ヒトツバタゴ 一葉たご　　モクセイ科

　この木の名は「単葉のタゴ（トネリコの別名）」の意味だが、「ナンジャモンジャ」の木のほうが通りがいいかもしれない。普段は今ひとつ存在感が乏しいが、5月頃、突然、雪のような白い花を咲かせ「一体、なんの木？」と思わせるので「ナンジャモンジャ」となったのだろう。学名 *Chionanthus retusus* は「雪の花」の意味。岐阜、長野、愛知にまたがるエリアと長崎県対馬の2か所のみに分布する珍しい木だが、名古屋周辺では多く見かけることができる。

5/15 カツラ 桂　　カツラ科

　5月15日は京都の三大祭りの中でも最も古い歴史をもつ「賀茂祭（葵祭）」の日。行列に参加するすべての人や牛車などは葵（フタバアオイ）の葉とカツラの枝を髪などに飾る。葵祭は、6世紀の欽明天皇の頃、凶作に悩まされたため賀茂神社に祭りを命じたことに由来するという。祭りを司る2つの神社のうち別 雷 神社（わけいかづち）は水と火の神である雷神を祀り、もう一方の下賀茂神社のご神木がカツラ。水辺を好むカツラは真紅の花を咲かせる。

5/16 タビビトノキ　旅人の木　　　　　バショウ科

　マダガスカル原産のタビビトノキは、バショウ科タビビトノキ属。大きな葉柄の基部に水を貯めていて、斧を当てると水が出てくる。旅人の渇きを癒したという。バナナの木に似た大きな葉が、扇型に広がる姿は特徴的。松尾芭蕉が「奥の細道」の旅に出たのが、元禄2（1689）年5月16日（旧暦3月27日）であったことから、この日は「旅の日」。

5/17 ミズナラ　水楢　　　　　ブナ科

　ブナとともに東日本の自然を代表する樹木だが、明るくスマートな「森の女王」ブナに対し、黒っぽく武骨な感じのため「森の王」と呼ばれている。材が水分を多く含み、燃えにくいため名づけられた。かつては薪炭材として利用され、材が硬く虎斑という美しい紋様があるので家具材に、また個性的な香りと色合いのウィスキー用樽材にも重用されている。昭和45（1970）年5月17日、わが国初の自然保護のデモが行われ、この日は「自然保護の日」に。

5/18 アメリカジャスミン

ナス科

　嘉永6（1853）年6月3日、ペリー提督率いる黒船（アメリカ東インド艦隊の船）4隻が浦賀沖に入港し、鎖国下にあった太平の世を揺るがしたが、翌年5月17日には、伊豆下田の了仙寺で日米和親条約が締結された。その了仙寺には今アメリカ原産のアメリカジャスミン（別名ニオイバンマツリ）が植えられ、日米友好の香りを漂わせている。下田では5月16日から18日にかけて、黒船祭りが開催される。

5/19 ハコネウツギ　箱根空木

スイカズラ科

　名前からは箱根に自生すると思われがちだが、そうではないという。スイカズラ科タニウツギ属の落葉中高木で、5月中旬頃から咲く花は美しく、はじめは白いが、次第に淡紅色、そして紅紫色と変化するユニークな性質がある。花ごとに色が変化し、木全体には3つの色の花が混在することになり、不思議な感じがする。

5/20　ライラック

モクセイ科

　札幌を代表する市の花に指定されている。明治20（1887）年にスミス女学校（現在の北星学園）を創設したスミス女史が故郷のニューヨーク州エル・マイラからこの木を持ち帰り広めたという。札幌のライラック祭りは5月下旬に開催される。ライラックは英名であり、仏名では「リラ」、日本名は「ムラサキハシドイ」。宝塚歌劇団が歌う『スミレの花咲く頃』の原曲はシャンソンの『リラの花咲く頃』。どちらも紫の花がロマンチックである。

5/21　クワ　桑

クワ科

　クワの葉は蚕の餌になり「食う葉」から名がついたという。明治以降の近代化にとって絹は重要な輸出品であり、クワは日本の近代化を支えたともいえる。七十二候ではこの頃を「蚕起食桑（かいこおこってくわをくらう）」といい、蚕が目覚めてクワを食べはじめる頃だという。三木露風作詞の『赤とんぼ』にあるように、クワの実はおいしいおやつだった。悪友といっしょに他人のクワ畑の熟したクワの実を頬ばった昔を思い出す。実が赤いのは未熟、黒ずんだ紫色になった頃が食べ時である。

5/22 ハンカチノキ

ハンカチノキ科

　1993年5月22日は「生物の多様性に関する条約」が発効したことから、「国際生物多様性の日」。この日にふさわしい木に「植物界のパンダ」といわれるハンカチノキをあげたい。一科一属一種の植物で、中国四川省あたりに自生する。1869年に四川省峨眉山でパンダを発見したダビッド神父が中国南部でこの木を見出した。学名も *Davidia involucrata*。5月上旬頃に咲く花には白いハンカチのような大小2枚の苞がある。その中の花には球状の花芯だけがあり花びらはない。

5/23 リンネソウ

スイカズラ科

　植物・動物から菌類、化石に至るまで学名はすべてスウェーデンの博物学者リンネが考案した「二名式命名法」によっている。これは属名と種小名の2つのラテン語で種の名前を表すもので、たとえば、ヤブツバキは *Camellia japonica* となる。「植物分類学の父」とも称えられるリンネの名をとったリンネソウは、別名メオトバナというように、ひとつの花枝の先が2つに分かれ、釣鐘型のピンクの花をつける。リンネは1707年5月23日に誕生した。

5/24　キンシバイ　金糸梅　　オトギリソウ科

　1760年頃に中国から渡来し、中国名「金糸梅」からこの名がある。ヨーロッパには日本から渡ったという。オトギリソウ属の低木で、街路樹やボーダーとして植えられることも多い。5～6月頃、直径5cmぐらいの花が咲くが、雄しべが糸状で、5枚の花びらも雄しべ雌しべもみな黄色いことから「金糸梅」と名づけられたのであろう。ビヨウヤナギとは枝や葉や花の色はよく似ているが、キンシバイは糸状の雄しべが短く、ぽっちゃりとふくよかな感じがある。

5/25　クスノキ　楠 樟　　クスノキ科

　「大楠公」と敬愛される楠木正成は、足利尊氏と兵庫 湊川に戦って敗れ、1336年5月25日に自害した。大楠公を祀る湊川神社には、クスノキの大木が多くある。クスノキは強い香りがあって古くから樟脳の原料に用いられ、また、カンフル剤の原料としても使われていて、英名はカンフー・ツリー（Camphor tree）という。長生きする木が多く、鹿児島県の蒲生町にある大楠は日本最大の木。宮崎駿のアニメーションに登場するトトロもクスノキの洞に棲んでいた。

5/26 チシマザクラ　千島桜　　　　バラ科

　沖縄のカンヒザクラからはじまる桜前線は日本列島を北上し、北海道のチシマザクラで終わる。根室市にある清隆寺のチシマザクラは、日本でいちばん遅咲きの花見スポットとして有名であり、5月の中旬から6月上旬に満開になる。このサクラは明治のはじめに国後島から移植され、植物学者の宮部金吾博士によって命名された学名にもとづいて、*Prunus nipponica* var. *kurilensis*（千島列島産の日本サクラ）と命名された。

5/27 ソテツ　蘇鉄　　　　ソテツ科

　「バタヤン」の名で愛された田端靖夫は、『島娘』の歌を昭和14（1939）年のこの日、奄美高校で披露した。歌詞に詠われているように大きな赤い実をたくさんつけ、この実は水にさらして毒を抜き食用にされる。イチョウと同じく雌雄異株で精子ができて受精をすることを、明治29（1896）年、池野誠一郎が発見して世界的に有名になった。ソテツの名はこの木が弱って枯れかけたら鉄釘を幹に刺すと蘇るからという。

5/28 ナリヒラダケ　業平竹　イネ科

その姿が美しいことから、牧野富太郎博士は平安時代の六歌仙のひとりで美男の誉れ高い在原業平の名前をとり、「業平竹」と命名した。ちなみに、在原業平は今でいうプレーボーイと噂され、世界三大美人のひとり小野小町とも浮名を流したという。「世の中にたえてさくらのなかりせば春の心はのどけからまし」の歌も業平の歌となれば、単に自然のことだとは思われない。その業平は880年5月28日に没したことから、この日は「業平忌」。

5/29 オーク　ブナ科

大ヒット映画『ロード・オブ・ザ・リング』にも登場するオークは、イギリスでは古くから神聖視され、家具や建築用材、酒樽の材料でもある。王政復古を遂げたチャールズ2世がウースターの戦いで負けたとき、オークの木に隠れて助かったことから王政復古記念日の5月29日をロイヤル・オーク・アップル・デー（Royal Oak Apple Day）と呼び、オークの葉を身につけて祝うという。日英同盟100周年記念に、駐日英国大使が日本各地でオークを記念植樹したのも奥ゆかしい。

5/30 ハナイカダ　花筏　　　　　　　　ミズキ科

　葉の真ん中に花を咲かせ、実をつける珍しい植物で、日本の固有種。花は小さくて緑っぽく、比較的地味だが、雌雄異株で雌花は葉っぱにひとつ、雄花は3つつくのもユニークである。花筏は、筏に花籠を乗せたものや、サクラなどの花びらが水面に落ちて筏のように流れていく様をいうが、それにたとえて名づけられたのだろう。雌株の実が黒くなる様から「ヨメノナミダ」とも呼ばれているのもおもしろい。5月の下旬頃、地味な花を咲かせる。

5/31 スモークツリー　　　　　　　　ウルシ科

　ウルシ科のスモークツリーは花が落ちた後に花の柄にある毛が伸びて、モクモクした煙のように見える。その様子から英名でスモークツリー（Smoke tree）と名づけられた。和名ではハグマノキともいうが、これは僧侶が手にもつ仏具のひとつで白い房状の白熊に見立てて名づけられたという。5月31日は「世界禁煙デー（No-Tabacco-Day）」。タバコの煙の嫌いな身からすれば、逆に年に1日、タバコを吸っていい日をつくるほうが嬉しいが。

6月

June

水無月

6/1　スズカケノキ　　篠懸木　鈴掛木　　　スズカケノキ科

　都会のオアシス日比谷公園は、明治36（1903）年6月1日に、林学博士本多静六の設計で初の「洋風公園」としてオープンした。そのとき移植されたスズカケノキが今も日比谷公会堂の前に堂々と聳えている。この名は丸い実を山伏の「篠懸（すずかけ）」に見立てたもの。「医聖」ヒポクラテスはこの下で弟子たちを教えたという。園内の松本楼前には日比谷交差点拡幅工事で支障になったイチョウの大木を、本多氏が「首にかけても」移植すると許可を得た「首かけイチョウ」が今も元気に生きている。

6/2　ヤクシマシャクナゲ　　屋久島石楠花　　ツツジ科

　屋久島の固有種。英国シャクナゲ協会会長をつとめていた大富豪ロスチャイルドは1934年、沼津の和田弘一郎から送られたヤクシマシャクナゲに魅了され「完璧な美しさのシャクナゲ」と評したという。花の美しさはもとより、矮小性で庭木に向き丈夫で、交配親としても各国で使われているという。屋久島では、山（代表は宮之浦岳）に対する畏敬の念が強く、その昔年2回「岳参り」といって山中の祠を参拝する風習があった。現在は花の季節に「シャクナゲ登山」が開催されている。

6/3 ベイマツ 米松

マツ科

　嘉永6（1853）年6月3日にペリー提督率いるアメリカ艦隊が浦賀沖に来航し、開国のきっかけとなったが、そのとき、アメリカ政府から幕府に献上された品々の中にベイマツがあった。大型船の甲板の材料として日本に売り込むためだったという。アメリカ原産のため略称「ベイマツ」といい、アメリカトガサワラという名もある。マツといってもトガサワラ属の針葉樹で、スコットランドの植物学者ダグラス博士が発見したことからダグラス・ファー（Douglas fir）とも呼ばれる。

6/4 クチナシ 梔子

アカネ科

　アカネ科の常緑低木で、学名が *Gardenia jasuminoides* とあるように、ジャスミンに似て香りがいい。春のジンチョウゲ、秋のキンモクセイと並ぶ日本三大香木のひとつ。6〜7月に花をつける。正岡子規の句「薄月夜花くちなしの匂いけり」のように、夜道でこの香りに出会うと優しい気持ちになれる。冬には独特な形の実が朱紅色になるが、熟しても口が開かないことからこう名づけられたという。キントンやタクアンなどの着色剤としても使われる意外な一面もおもしろい。

6/5 ユキツバキ　雪椿　　　　　　　　　　　　　　　ツバキ科

　1753年にリンネが命名したヤブツバキ（*Camellia japonica*）、1784年にツュンベルクが命名したサザンカ（*C. sasanqua*）に次ぎ、第3のツバキとして昭和20（1945）年6月5日、植物学者本田正次が岩手県胆沢町猿岩で見出し、サルイワツバキ（*C. rusticana*）と命名した。後に、日本名は「雪椿」のほうがきれいな感じがするとして変更された。新潟出身の歌手小林幸子が歌う『雪椿』のように、冬の雪に埋もれても、春には雪を跳ねのけて生長をはじめる。4月の下旬、新潟では雪椿祭りが開催される。

6/6 ガクアジサイ 額紫陽花　　アジサイ科

　アジサイを「紫陽花」と書くのは、江戸時代の学者が白楽天の詩にあった「紫陽花」を誤用したことにはじまるといい、中国では「八仙花」と書く。確かに梅雨時の花にしては「紫陽花」の文字は明るすぎる。アジサイの名は「あづ(集)＋さあい(真藍)」から来ていて、ガクアジサイは地味な集合花のまわりに大きな花びらをもつ装飾花が「額縁」のようにつくことによるという。鑑真和上が763年6月6日に入滅し、この日は唐招提寺の開山忌。そのころに咲く中国のハッセンカは日中友好のシンボルである。

6/7　ビヨウヤナギ　　未央柳　美容柳　　　　オトギリソウ科

　北原白秋の「君を見てビヨウヤナギ薫るごと胸さわきをおぼえそめにし」の歌のように繊細な雄しべのある、淡いはかない花を梅雨前に咲かせる。玄宗皇帝の寵愛を一身に受けた楊貴妃は、身内が重用されすぎたため近衛兵の反感を買い、やむなく皇帝は楊貴妃殺害を指示する。白楽天は『長恨歌』で「帰り来たれば池苑みな旧に依る／太池の芙蓉未央の柳／芙蓉は面の如く柳は眉の如し／此に対して如何ぞ涙垂れざらん」と詠い、フヨウとともに楊貴妃の美しさをこの花にたとえている。

6/8　ビワ　枇杷　　　　　　　　　　　　　バラ科

　バラ科の常緑高木で、実の形が楽器の琵琶に似ていることから名づけられたともいう。北原白秋は子供ができた喜びを『ゆりかごの唄』に表し「ゆりかごのうえにびわの実がゆれるよ」と詠んだ。梅雨の頃、ビワの実が八百屋さんの店先に並ぶ。有名な茂木ビワは長崎市茂木地区の特産。江戸時代の後期、代官屋敷に行儀見習いに出ていた三浦シオさんが中国人船長から贈られたビワが美味しく、その種を自宅そばに植えたことからこの地区が美味しいビワの産地になったという。

6/9 シャクナゲ　石南花　石楠花　　　　ツツジ科

　シャクナゲは「樹木性のバラ」という意味の*Rhododendron*という学名をもち、「花木の王様」ともいわれている。日本の植物文化を西洋に紹介したシーボルトがツクシシャクナゲに*Rhododendron metternichii*という学名をつけた。これは映画『会議は踊る』の背景となったウィーン会議で議長をつとめたオーストリア首相メッテルニッヒが、ツツジにことのほか関心が深かったことにちなむ。ナポレオン後の体制を決めたウィーン議定書は1815年6月9日に交わされた。

6/10 トケイソウ　時計草　　　　トケイソウ科

　花の形が時計の文字盤を連想させることからこの名前がついた。ヨーロッパでは十字架を連想させることからパッション・フラワー（Passion flower「キリスト受難の花」の意味）と呼ばれている。『日本書紀』の天智天皇10（671）年4月25日（新暦6月10日）の項に「漏刻（水時計）を新しき台に置く。始めて候時を打つ。鐘鼓を動す。」とあることから、6月10日は「時の記念日」に制定された。

6/11　プルメリア　　　　　　　　　　　キョウチクトウ科

　常緑の低木で、熱帯地域では一年中花をつける。寺院でよく見かけるため「寺院の木」という意味のテンプル・ツリー（Temple tree）とも呼ばれている。ハワイでもいちばん愛されている花木で、客を迎えるときのレイにも使われる。ランの花のようなベルベットの感触があり、色は白、赤、ピンクなど多彩。芳香もある。この花のレイを首にかけてヤシの木陰で愛を語った新婚さんも多いのではないか。ハワイの6月11日は、今もなお人気のあるカメハメハ大王の誕生を祝う日。

6/12　ニッケイ　肉桂　　　　　　　　　クスノキ科

　京都の代表的なお菓子である「八つ橋」には肉桂（にっけい）が使われていて独特の香りと甘みがある。「八つ橋」の原型となるお菓子をつくったのは近代箏曲（そうきょく）の開祖八橋検校と伝えられていて、貞亨2（1685）年6月12日に亡くなった検校を偲んで、このお菓子を琴の形に焼いて売り出したのがはじまりという。昔、ニッケイの木の根を「にっき」と呼び駄菓子屋で売っていた。子供の頃、よその家のニッケイの木の根を友だちと掘りに行き、学校の先生におこられたことを思い出す。この日は「八橋忌」。

6/13 サクランボ　桜ん坊　桜桃　　バラ科

　太宰治が玉川上水で入水自殺する前に書いた小説『桜桃』には、愛人らしき料理屋の女将とサクランボ（桜桃）をつまむ場面が描写されている。太宰の命日（自殺したのは13日で、遺体が発見されたのが19日）は、この小説の題名を取って「桜桃忌」。サクランボはセイヨウミザクラの実である。日本では山形県の名産であるが、東根市の篤農家佐藤栄助氏が開発した「佐藤錦」がその基盤を作ったのではないだろうか。

6/14 ハナカイドウ　花海棠　　バラ科

　楊貴妃をたとえる花にはフヨウ、ビヨウヤナギ、ナシなどがあるが、ハナカイドウもそのひとつ。酒に酔った後の眠りから覚めたなまめかしい姿の楊貴妃に見惚れる玄宗皇帝に「海棠の眠り未だ醒めず」といったそうだが、ハナカイドウが楊貴妃のイメージにはいちばん合う気がする。蕾も花もピンク色で中国的な雰囲気である。楊貴妃を寵愛し楊一族を重用したために内乱を招き、玄宗もついに756年6月14日、楊貴妃の殺害を指示せざるを得なくなった。

6/15　ニセアカシア　　偽アカシア　　　　　マメ科

　樺美智子さんが60年安保闘争で死亡したのがこの日。当時、西田佐知子の歌う『アカシアの雨がやむ時』が流行し、60年安保のレクイエムとして学生たちに愛唱された。この「アカシア」はニセアカシアのことで、明治18（1885）年、街路樹として札幌に導入され、北原白秋の童謡『この道』にも歌われている。葉は丸く、初夏に甘い香りのする蝶型の花をつける。原産地は北アメリカで、ミモザの仲間と区別するため「ニセアカシア」とか、刺(とげ)があることから「ハリエンジュ」と呼ばれる。

6/16　レンゲツツジ　　蓮華躑躅　　　　　ツツジ科

　レンゲ畑のように高原いっぱいに咲くことからこの名がつけられた。学名は*Rhododendron japonicum*とあり、日本のツツジの中でも美しい花のひとつである。毒があって牛や馬がこの葉を食べないので放牧地では群生するようになる。群馬県嬬恋村の湯の丸山牧場のレンゲツツジ群落もそのひとつで、ここは国の天然記念物に指定されている。6月の中・下旬がオレンジ色や赤色の花の見頃となる。群馬県の県花にもなっている。

6/17 ヒメヤシャブシ　姫夜叉五倍子　　カバノキ科

　ヒメヤシャブシは、レンゲなどのマメ科植物と同じように空気中の窒素を根によって固定できる。そのためやせた土地でも生育でき、治山や砂防工事ではマツなどといっしょに植樹されることが多い。別名マツコヤシとか、はげ山の防災用植樹に使われることからハゲシバリというユニークな名前もある。6月17日は国連が制定した「砂漠化及び干ばつと戦う世界デー」。

6/18 シラカバ　白樺　　カバノキ科

　岡本敦郎が歌う『高原列車は行く』の歌詞にあるように、シラカバは高原が似合う。名前は樹皮が白い樺の意味。樹形もきれいで、白い幹と丸い葉もさわやかなため「森の貴婦人」と呼ばれている。皇后陛下のお印でもある。志賀直哉や武者小路実篤などによる「白樺派」はこの木をシンボルとし、明るいイメージを醸し出していた。材には虫歯予防効果のあるキシリトールを含み、爪楊枝の材料にも多い。長野県の白樺湖では毎年6月18日に「白樺湖祭り」が開催され、夏を迎える。

6/19 アオダモ（コバノトネリコ） モクセイ科

　この木の樹皮を水に浸けて青い汁を取り、これを染料とする。アイヌの人たちがこの樹液を刺青に使う。材は強靭で、プロ野球選手のバットに加工されるのだが、せっかく作られたバットも実際に使用されるのはそのごく一部で、多くは捨てられてしまう。稲本正氏が代表を務めるオーク・ヴィレッジでは、この廃バットからグッズを製作・販売し、その収益の一部でアオダモの植林活動をはじめた。1846年6月19日、ニューヨークでベースボールが誕生したことから、「ベースボールの日」。

6/20 ザクロ　安石榴　柘榴 ザクロ科

　イラン原産で、「安石榴」と書く「安石」はイランのこと。「紅一点」という言葉は、中国の詩人王安石の詩から、ザクロの花が咲いている様を表現した「万緑叢中紅一点」に由来している。梅雨の時期、きわ立つ赤い花は独得な雰囲気がある。秋には実が裂け、多くの種をのぞかせる。その様子から女神の子宮のシンボルとされたり、豊穣や子孫繁栄のシンボルとされている。果汁には澄んだ酸っぱさがあり女性ホルモンが含まれ、更年期症状などに効果があるという。

6/21 ガジュマル

クワ科

　沖縄で古くから呼ばれていた名前がそのまま木の名になったといわれ、イタズラ好きの妖精キジムナーが棲むという。屋久島以南に分布する常緑高木。大きくなると気根(きこん)を多く出して呼吸を助け、また、宮崎駿のアニメーション『天空の城ラピュタ』に出てくるように根が石などを抱え込むような姿のものを見ることもあり、不思議な生命力を感じる。奄美や沖縄などでは校庭の脇などに植えられて、暑い夏でも涼しげな木陰をつくっている。この頃は夏至の候。

6/22 ヤマモモ　山桃

ヤマモモ科

　ヤマモモは梅雨時に、ザラザラとした実が濃紅色に熟し食べ頃になる。四国では多くの人が愛着をもっているが、高知ではことのほか好まれ、県花に選ばれている。生でもおいしいが、長持ちしないため市場にはあまり出ない。果実酒やシャーベットなどにしてもなかなか乙である。実は赤色から濃紅色に変色する頃が最もおいしいが、収穫時期は短く、実が落ちやすい。子供の頃、雨で木が滑るのも顧みず木に登って実を取った思い出がある。

6/23 ゲッケイジュ　月桂樹　　　クスノキ科

　南ヨーロッパの原産で、強い香りのある葉はベイリーフ（Bay leaf）、ローレル（Laurel）と呼ばれ、料理のスパイスになる。太陽の神アポロンに求愛されたダフネが、キューピッドの射た「嫌悪」の矢のせいでアポロンを嫌い、ゲッケイジュに変身した。アポロンはこの枝で冠を作って追想したという。オリンピックの勝者に月桂冠を授けるようになったのは意外に新しく近代オリンピック以降のこと。1894年のこの日はクーベルタン男爵のオリンピック決議案が採決された「オリンピック・デー」。

6/24 ヒメリンゴ　姫林檎　　　バラ科

　日本の歌姫美空ひばりは、1989年6月24日に亡くなったが、代表曲のひとつに『リンゴ追分』があることから、美空ひばりの命日は「林檎忌」という。この日は今も多くのファンが美空ひばりを偲んでいる。ちなみに、1024年のこの日、ドレミ音階が制定されたことから、「ドレミの日」となっているが、この日に日本の歌姫が亡くなったのも因縁めいている。

6/25 ハマナス　浜茄子　浜梨　　　　　　　　　　バラ科

映画『地の涯に生きる』のロケで知床羅臼町を訪れた森繁久弥は、自ら作詞作曲した『知床旅情（サラバ羅臼）』を歌い、町民との別れを惜しんだ。これは加藤登紀子の歌でも有名。ここに歌われているハマナスは別名ハマナシともいい、海岸に赤い花を咲かせ、実はナシに似ている。ジャパニーズ・ローズ（Japanese rose）と呼ばれ、雅子妃のお印。寒さに強く、バラの新種開発に重要な役割を果たしている。「知床開き」は6月の第3土日。知床は2005年7月に世界自然遺産に指定された。

6/26 ノボタン　野牡丹　　　　　　　　　　　　ノボタン科

小笠原に自生していたムニンノボタンは、1970年代には父島の東平に一株を残すのみとなったと考えられていた。この株から個体を殖やす試みが植物学者の岩槻邦男、下園文雄らの努力で行われ、1985年には父島へ植え戻しされた。「絶滅の恐れのある野生動植物の種の保存に関する法律」の成立にも一役買った形となった。ムニンノボタンと同じ仲間のシコンノボタン（紫紺野牡丹）が最もポピュラー。夏から秋にかけて花が咲く。小笠原が日本に返還されたのは、昭和43（1968）年6月26日。

シコンノボタン

6/27 スイカズラ 忍冬 スイカズラ科

　三重苦を負った幼いヘレン・ケラーは、家庭教師とともにスイカズラの花のにおいに誘われて井戸端に行き、そこで素晴しいなにか冷たいもの＝「水」を認識し、言葉をはじめて理解したという。スイカズラはつる性で花には蜜が多く、それを「吸う」ことから名づけられた。ヨーロッパやアメリカには観賞や緑化のために導入されたが、今では広くはびこって害草化しているといわれる。奇跡の人ヘレン・ケラーが1880年6月27日に誕生したことから、この日は「奇跡の人の日」。

6/28 トチノキ 橡 栃の木 トチノキ科

　パリの街路樹で有名なマロニエと同じ属の落葉高木で、5～6月頃、たくさんの花をつける。高級蜂蜜である栃蜜の蜜源で、別名「蜜蜂の木」。秋に実がたくさんなり、大きな実なので動物の食料に格好と思われるが、サポニンなどを含んでいて簡単には食べられない。人間はたいしたもので、この実を縄文時代からアク抜きして食べる術を会得していたという。今でも栃餅として食されているが、おいしく食べるには相当手間がかかる。昭和41（1966）年6月28日に栃木県の県木に指定。

6/29　バオバブ

キワタ科

　サン＝テグジュペリの『星の王子さま』に出てくるユニークな形をした大きな木がバオバブ。砂漠地帯に生え、太い胴部にたくさんの水分を蓄えたり、甘酸っぱい大きな実をつけたりと、なにかと役立ち、アフリカでは神宿る木とされていることも頷ける。花も淡いピンク色で大きく、ユニークかつメルヘンチックである。世界の多くの人々に今なお愛読されている『星の王子さま』の作者サン＝テグジュペリの誕生日は1900年6月29日、この日は「星の王子さまの日」。

6/30　コーラノキ

アオギリ科

　清涼飲料水のコーラはコーラノキの実を原料としている。コーラノキは熱帯西アフリカ原産の常緑高木で、この実には興奮作用のあるコラニンや苦味成分が含まれている。この実の成分を利用して、アトランタの薬剤師ペンバートンがコカ・コーラを発案し発売をはじめたのが1886年6月30日のこと。アトランタは、映画化もされたマーガレット・ミッチェルの小説『風とともに去りぬ』の舞台となった街。南北戦争で疲弊したアトランタはコカ・コーラで復興を遂げたともいわれる。

7月

July

文月

7/1 サトウカエデ 砂糖楓　　カエデ科

　サトウカエデの樹液には多くのショ糖が含まれていて甘く、カナダではこの樹液からメイプル・シロップを作るのが春の風物詩になっている。1本の木から40リットル位の樹液が取れるというが、1日の温度差が最も大きい3〜4月に樹液が多く出るというのも不思議である。カナダの国の木で、国旗にもメイプル・リーフがデザインされている。2005年愛知万博ではカナダ館脇のサトウカエデが本当に国旗のように真っ赤に紅葉していた。7月1日は、カナダのナショナル・デー。

7/2 シュロ 棕櫚　　ヤシ科

　シュロの幹は梵鐘の打木に多い。小石川の貧しい家に育った西尾正左衛門氏はシュロの幹の硬い繊維から縄を編む母の姿を見て、玄関用靴拭きマットを考案したが、特許にはすでに別人の登録があった。妻が大量に売れ残ったマットを切って丸め床を磨いていたのを見て「亀の子束子（たわし）」を発明する。耐水性と弾力性に富んだ繊維の束子は、環境にも優しく、現在も広く愛用されている。大正4（1915）年7月2日に亀の子束子の特許を取得したことから、この日は「タワシの日」。

7/3 ネムノキ 合歓木 マメ科

　芭蕉の句「象潟や雨に西施がねぶの花」の「ねぶ」はネムノキのこと。昔、呉に敗れた越の王が臥薪嘗胆の後、絶世の美人西施を呉王に献上し、計略により復讐を果たしたという。「傾国の美人」はこの故事から生まれた。妖艶な楊貴妃に対し病弱で華奢なイメージの西施を雨に煙るネムノキの花にたとえたのもおもしろい。夏を彩る花である。夜には葉を閉じることから、夫婦の寝屋の睦事をイメージして「合歓木」と表す。花も葉も優しく、この木を庭に植えると優しい気持ちになれる。

7/4 ワタ 綿棉 アオイ科

　ワタはインダス地方の原産で、古くから繊維作物として栽培されていた。熟した実がはじけて綿毛に包まれた種子を外に吹き出す。コットン（綿布）はこの綿毛をつむいで作る。現在でも世界の繊維原料の7割を占め、「木綿のハンカチーフ」ではないが生活に身近な存在である。コットン・ジーンズの国アメリカの建国を支えた植物である。7月4日はアメリカ合衆国の独立記念日。この頃、南部ではワタの花が咲く。

7/5　キハダ　黄蘗　　　　　　　　　　　　　ミカン科

　内側の樹皮が黄色いことからキハダと呼ばれ、樹皮は昔から胃腸薬や染料として使われてきた。小枝をかじると苦く、いかにも薬効がありそうだが、鹿などもそれを知っているのか、この木はよくかじられるという。黄檗宗は中国福建省にある本山（黄檗山）にキハダの木が生い茂っていたことから宗派の名前となった。その黄檗宗をわが国に広めたのが「インゲン豆」を日本にもたらした隠元禅師であり、承応3（1654）年7月5日に来日した。

7/6　スプルース　　　　　　　　　　　　　マツ科

　スプルースはトウヒ属の針葉樹で、北アメリカで多く生産されるためベイヒ（米檜）、ベイトウヒ（米唐檜）と呼ばれている。材は木目が細かくて加工しやすく、比重が小さくて音響伝播速度が速いためにピアノなどの楽器に使われる。文政6（1823）年7月6日に長崎湾に入港したシーボルトがはじめて日本にピアノを持ち込んだことから、この日は「ピアノの日」。シーボルトは多くの日本の文物を持ち出したが、一方で、医学やピアノなど西洋文化を日本にもたらしたのも興味深い。

7/7 ササ 笹 　　　　　　　　　イネ科

　牽牛星と織女星が1年に1度会えるこの日は「七夕祭り」。いろいろな願いごとを書いた短冊を飾ってその成就を祈る習わしが、今も全国的に盛んである。権藤花代が作詞した『たなばたさま』の歌では「笹の葉さらさら」と歌われているが、短冊が飾られるのはササよりタケが多いように思われる。ササはタケによく似ていて区別がむずかしいが、節の部分の「皮」が、タケでは生長とともに落ちるのに対して、ササは落ちずに長くついているところがおもな相違点である。

7/8 サルトリイバラ 猿捕茨 　　　　ユリ科

　つる性の落葉低木で、つるにある刺（とげ）に猿も絡まって捕らえられるという意味でこの名がつけられた。地方によってはこの丸い葉で柏餅をつくる。「山帰来」ともいわれるが、これは梅毒にかかった男が山に入り、この木の薬効によって病気が治り、山から帰って来たという伝説に由来する。ただし、漢薬の「山帰来」は別の種。細胞学者として世界的にも有名な野口英世は、明治44（1911）年7月8日、梅毒スピロヘータの純粋培養に成功し、その治療に貢献した。

7/9 ナツツバキ　夏椿　　　　ツバキ科

　森鷗外は生前、庭のナツツバキをことのほか愛し「褐色の根付川石に白き花はたと落ちたり　ありしとも青葉がくれに見えざりしさらの木の花」と詠った。地味だが味わいのある花である。大正11（1922）年7月9日に鷗外が他界した後、このナツツバキはすぐに枯れてしまったという。別名シャラノキ（沙羅樹）とも呼ばれ、仏教三聖樹のひとつ「沙羅樹」にあてられていた。仏典にいう「沙羅樹」とは別物だが、確かに釈迦入滅のときに色が白く変わったという花に見まがわれたのも頷ける。

7/10 オオヤマレンゲ　大山蓮華　　　　モクレン科

　モクレン科の落葉高木で、白井光太郎博士が明治28（1895）年に奈良県の大峰山（大山山系）で発見したことから、オオヤマレンゲと名づけられたという。「レンゲ」は蓮華の意味で、ハスのような花をつけることによる。別名「天女花」と呼ばれるように、初夏の頃咲く優雅で品のある花が、多くの人を魅了し、標高2000m近くある大峰山には、花の季節になるとファンが多く訪れるという。

オオバオオヤマレンゲ

7/11 マツリカ　茉莉花

モクセイ科

　品のある白い花にはさわやかで甘すぎない芳香がある。学名を *Jasminum sambac* とあるようにジャスミンの一種であり、ジャスミン茶にはこの花が使われる。原産地はアラビアからインドといわれているが、フィリピンの国花でもある。また、ヨーロッパでは幸運のシンボルとして花嫁が身につけるなど、この花は世界各地の人々から愛されている。中島みゆきの歌に『7月のジャスミン』という曲がある。花期は6〜7月。

7/12 スグリ　酸塊

ユキノシタ科

　ヨーロッパ西部が原産地で、明治6（1873）年に渡来した。英名のグーズベリー（Gooseberry）は「ガチョウのイチゴ」という意味だが、葉がガチョウの足のような形をしているからだろうか。ヨーロッパでは赤ちゃんはどこから来たのかという質問に「グーズベリーの木の下にいたの」と説明するという。7月頃、赤い宝石のような実をつけ、この実に酸味があることから「酸塊（すぐり）」と名づけられたという。ジャムやシャーベットにも使われる。

7/13　ヤシ　椰子　　　　　　　　　　　ヤシ科

　民俗学の柳田國男は明治31（1898）年の夏、伊良湖岬で南の島からヤシの実が漂着するのを発見し、そこから「日本文化の起源が東南アジアにある」という学説「海上の道」を温めたという。その話を聞いた友人の島崎藤村は、有名な詩『椰子の実』を作り、童謡作曲家の大中寅二が曲をつけ、昭和11（1936）年7月13日に国民歌謡として全国に放送された。太平洋を望む伊良湖岬では、東南アジアの島から流したヤシの実が漂着するのを今も確認している。

7/14　マロニエ　　　　　　　　　　　トチノキ科

　パリの街路樹はほとんどがマロニエと呼ばれるセイヨウトチノキからなっている。有名なシャンゼリゼ通りは凱旋門からコンコルド広場まで約3km続き、その両側には幅20m位ある歩道に大きなマロニエが二列に植えられていて、歩くだけでも楽しくなる。7月14日は、1789年のこの日にバスチーユ監獄襲撃からはじまったフランス革命を記念する「フランス革命記念日（パリ祭）」。

7/15 マンゴー

ウルシ科

　トロピカル・フルーツの代表のようなマンゴーは、ウルシ科の常緑樹。香港を旅行した日本人観光客が食べたマンゴープリンは美味しいと評判になった。その後、生果のマンゴーも人気が高まり、日本での栽培も増えているという。沖縄では明治時代から栽培がはじまった。本格的な夏を控えたこの頃に、生産が最盛期を迎えることから「マンゴーの日」とされた。

7/16 モンキーポッド

マメ科

　「この木何の木、不思議な木」と歌われる日立グループのコマーシャルソングに出てくる木は、マメ科の常緑高木でアメリカネムノキという。この木のサヤ（pod）に入った実を猿が好むことからモンキー・ポッド（Monkey pod）と呼ばれている。このコマーシャルに出ている木は、オアフ島の真珠湾に近い公園にあり、枝ぶりはゆうに直径40mを超える。花は日本のネムノキに似ていてたくさん咲き、心地よい木陰を作ってくれる。7月16日は、日立製作所の創立記念日。

7/17 アジサイ　紫陽花　　　　　　　　　　　アジサイ科

　アジサイにはこれまでさまざまな学名が与えられてきたが、歴史的に有名なのはシーボルトが愛妻楠本滝を記念してつけた *Hydrangea otaksa* かもしれない。アジサイ科の落葉低木で、土壌のアルカリ性が強くなると花の色は紅色が増す。国民的スター石原裕次郎が亡くなったのが昭和62（1987）年7月17日。裕次郎が『アジサイの歌』（滝田順作詞、斉藤高順作曲）を歌い、映画化もされたことから、その命日を「あじさい忌」と呼び、今も多くのファンが裕次郎を偲んでいる。

7/18 コルクガシ　コルク樫　　　　　　　　　　ブナ科

　ワインにはコルクの栓が欠かせない。コルク栓はほとんどがイベリア半島特産のコルクガシから作られる。実際、数メートルに生長したコルクガシに触ってみると、柔らかくて弾力があり、これでよく倒れずに立っていると不思議に思える。弾力のある部分はコルクガシの表皮で、活動をしていない細胞からなり、その内側にカシ類特有の硬い木部がある。コルクを顕微鏡で観察していたイギリスの科学者ロバート・フックが細胞構造を発見したという。フックは1635年7月18日生まれ。

7/19　ラベンダー

シソ科

"ハーブの女王"と呼ばれるラベンダーといえば日本国内では北海道が有名。昭和12（1937）年に、曽田政治が化粧品香料の原料としてフランスからラベンダーの種を輸入したことから栽培がはじまった。今では北海道富良野のラベンダー農場は日本一。7月の中頃、映画や小説の『北の国から』の舞台としても知られるようになった富良野地方はラベンダーの花が咲き誇り、ラベンダー祭りが開催される。なかでも「ファーム富田」は有名で、ラベンダー以外の花も楽しめるという。

7/20　ナギ　梛　竹柏

マキ科

マキ科の常緑樹で、名前が凪に通じることから船乗りに信仰され、葉を災難除けに守り袋や鏡の裏に入れる風習があったという。海の守り木である。この日は、明治9（1876）年7月20日に、灯台巡視船に乗船して東北巡察をされていた明治天皇が横浜に安着されたのを記念して、「海の日」に制定された。現在、この祝日は7月第3月曜日になっている。

7/21　アザレア　　　　　　　　　　　　　　　　　　　　ツツジ科

　アザレア（Azalea）はツツジの英名でもあるが、日本ではヨーロッパで改良されたツツジを「アザレア」とか「西洋ツツジ」と呼ぶ。花びらが縮れているのが特徴で、花は赤やピンクなど鮮やかでかわいらしい。なかでもベルギーでおもに改良された「ベルジアン・アザレア」が有名。湯浅浩史によると、これはパン屋だったピー・モルチェル氏が改良をはじめたのだとか。ベルギーは、1831年7月21日にレオポルド1世が即位してオランダから独立した。この日はナショナル・デー。

7/22　ホオノキ　朴　朴の木　　　　　　　　　　　　　　モクレン科

　日本に自生する樹木では最も大きな花をつけるといわれ、5～6月頃、直径20cm位の芳香のある白い花をつける。花の命は短く2日ほどで散りはじめる。「朴散華（ほおさんげ）」はそのはかなさを表現し、夏の季語。川端茅舎の句に「朴散華即ちしれぬ行くへかな」がある。葉も大きく、飛騨地方の「朴葉味噌」で名高いが、いろいろな食物を包んだことから「包の木」の名前がついた。材は均質で素直。下駄の歯に最も多く使われ、朴歯の下駄は有名。7月22日は「下駄の日」。

7/23 ノウゼンカズラ 凌霄花　　ノウゼンカズラ科

　ノウゼンカズラは盛夏の花である。暑さにめげず、天に昇るように盛んに枝を伸ばし、黄紅色の花を次々と咲かせる。大空（霄）を凌ぐように枝が伸びることから「凌霄花（りょうしょうか）」ともいわれる。中国原産で豊臣秀吉が朝鮮半島から持ち帰ったといわれている。花の形からか、英語名はトランペット・クリーパー（Trumpet creeper）。7月23日は大暑。

7/24 サンショウ 山椒　　ミカン科

　若葉は「木の芽」と呼んで吸物に、花は「花山椒」として煮物などに、実は「粉山椒」に、幹は「すりこぎ」にと、サンショウはじつに利用範囲が広い。いろいろ役立つことから「サンショウのような人になれ」といわれた人もあるだろう。強烈に辛く、ほんの少し囓ればいいので、古くは「はじかみ」と呼ばれた。これを食草とするアゲハチョウには辛くないのだろうか。夏バテ気味になる7月下旬の土用丑には今も多くの人がウナギを食するが、これには山のスパイス「山椒」が欠かせない。

7/25 サワラ 椹

ヒノキ科

ヒノキ科の針葉樹で、材はヒノキより柔らかいが耐水性に富むことから、桶やお櫃に使われることが多く、身近な存在である。木曾五木のひとつである。ダイニング・キッチンを取り入れたモダン住宅としてサラリーマン家庭のあこがれであった初期の頃の公団住宅には、風呂桶にサワラ材が使われていた。住宅公団は昭和30（1955）年7月25日に設立された。

7/26 ツガ 栂

マツ科

マツ科のツガ属の学名は *Tsuga* と、この木の日本名が使われている。母指（おやゆび）ほどの球果をつけることから「栂」という国字をあてられたという。材は木目がたいへん美しく、ヒノキより高級なので「ツガ普請」という言葉がある。乗鞍岳の中腹にある栂池は、スキーやハイキングなどで訪れる人々も多いが、ツガの原生林に囲まれた池があることから名づけられたという。栂池自然園は昭和49（1974）年7月26日に開園された。

7/27 ヤマボウシ　山法師　　　　　　　　　　ミズキ科

　小麦の研究で世界的に有名な植物学者木原均博士は東大総長であった茅誠二博士らとともに、箱根のゴルフ場建設で伐採されかけたヤマボウシを守る活動を展開し、昭和天皇にも直訴した。ハナミズキに似てヤマボウシの花は葉が全部出てから咲く。花びらのような白い苞(ほう)の真ん中に花が集まり、それが「坊主頭」を連想させることからこの名前がつけられた。中国では「四照花」。実がクワの実に似ているので「ヤマグワ」ともいう。木原博士は昭和61（1986）年7月27日に亡くなった。昭和天皇はその死を悼み「久しくも小麦のことにいそしみし君のきえしはかなしくもあるかな」と歌われた。ヤマボウシは箱根の自然を代表する樹木。

7/28　ホルトノキ

ホルトノキ科

　平賀源内が紀州で「ズクノキ」を見て、今でいうオリーブの木と勘違いし「ポルトガルの木」と命名し、それがなまって「ホルトノキ」となったという。ポルトガルといえば、ザビエルのキリスト教布教や鉄砲をもたらしたことなどわが国とは関係が深い。鉄砲は天文12（1543）年に種子島に漂着した船に積まれていた。鉄砲製造の技術を習得するため鍛冶工の清定は娘の若狭をポルトガル人の嫁にしたという。毎年、7月の第4土日に「種子島鉄砲祭り」が開かれる。

7/29　モミ　樅

マツ科

　山本周五郎の小説『樅の木は残った』の主人公原田甲斐は、仙台藩のお家騒動にかこつけて取り潰しを企む幕府の謀略を防ぐべく、寛文11（1671）年3月27日に関係者ともども命を絶つ。甲斐の母親慶月院は息子の行動を信じて絶食し、息子の後を追ように7月29日に亡くなった。家臣の対立抗争を背景にした伊達騒動は歌舞伎や浄瑠璃などに脚色され、原田甲斐は悪役に仕立てられることが多いのだが、甲斐の真意は、母には伝わっていたのだろう。この親にしてこの子あり。

7/30 エゾマツ　蝦夷松　マツ科

幸田文の著書に『木』という作品がある。3人の子供にそれぞれ木を与えたというほど木が好きだった父・露伴の血筋を引いた娘の文章が味わい深い。「樹木に逢い、樹木から感動をもらいたい」と北海道から鹿児島まで取材。その最初にエゾマツの「倒木更新(とうぼくこうしん)」に出会う。倒木更新は倒れた老木の上に着床発芽して若木が育つという形の世代交代である。露伴は昭和22（1947）年7月30日に没するが、木好きは倒木更新のように娘の文に、さらには孫娘青木玉に引き継がれている。

7/31 ヒメシャラ　姫沙羅　ツバキ科

「天下の剣」と歌われている箱根は地形の変化に富み、降水量も多く、屋久島と並んでさまざまな自然が凝縮している。その箱根の芦ノ湖畔にある箱根神社の背後にはナツツバキ属のヒメシャラの純林が広がる。ヒメシャラの名はナツツバキ（別名シャラノキ）より花が小さいことからつけられた。樹皮が赤みを帯びた滑らかな木で、初夏には白い花をつける。毎年、7月31日には、箱根神社の九頭龍明神を祀る「湖水祭」が行われる。

8月

August

葉月

8/1 コリヤナギ　行李柳 ヤナギ科

　柳行李、飯行李、行李鞄などヤナギの枝を使った柳細工は兵庫県豊岡市の伝統工芸である。その材料になるのがコリヤナギであり、*Salix koriyanagi* と学名にもなっている。江戸時代、武家奉公のため江戸に出ていた成田広吉が帰郷して、荒れた円山川周辺にヤナギを栽培した。そのヤナギを使って、軽くて風通しのよい旅行用の鞄を製造したのがはじまりで、そこから豊岡の柳細工産業が発展したという。毎年、8月1日、2日にはこれに感謝して「柳の宮」神社の例大祭が行われる。

8/2 屋久杉 スギ科

　世界自然遺産に指定されている屋久島は、まわりの海には熱帯性の魚が多く、一方、標高1936mの宮之浦岳は冠雪もするという非常に多様な自然に特徴がある。屋久島の人々の間では、古くから山に対する信仰があつく、8月第1週目の土日に「ご神山祭り」が行われる。山には樹齢1000年を超えるヤクスギが鬱蒼と茂り、自然の神秘を感じさせる。なかでも「縄文杉」は推定樹齢6000年を超えるという。

8/3 サルスベリ 百日紅　猿滑り

ミソハギ科

　幹肌が滑らかで猿も滑るほどだとして名づけられた。紅花が一般的で、長期間花を咲かせることから「百日紅（ひゃくじつこう）」とも呼ばれる。もちろん、ひとつの花の寿命が長いわけではなく、千代女の句に「散れば咲き散れば咲きして百日紅」とあるように、次々に蕾が開いていく。花の形がたいへんユニークで、突き出た6枚の花びらが縮緬（ちりめん）ようになっている。高浜虚子に「炎天の地上花あり百日紅」という句があり、うだるような真夏の太陽の下でもけなげに花をつけ、元気づけてくれる。

8/4 カラマツ 落葉松 唐松　　　マツ科

　北原白秋は、大正10（1921）年のこの日、星野温泉で開かれた芸術教育夏期講座の講師を務めるため軽井沢を訪れ、その折に、有名な詩『落葉松』を創る。カラマツは日本で唯一の落葉性針葉樹で、冬には葉を落とし、5月頃に新芽を出す。新芽はキクの花のように開き、柔らかいが、幹には刺(とげ)があるので触るときには要注意である。「唐松」とも書くので、中国原産かと思いがちだが、日本原産である。中国画によく描かれる松に似ていることから名づけられたという。

8/5 マユミ 檀 真弓　　　ニシキギ科

　マユミの名は、木に弾力があり弓を作ったためとも、表皮を剝いで弓の束を巻くのに使ったからともいわれている。木を見るかぎり、あまり弓になるような感じはせず、後者だろうと思っていた。だが、大きい幹の途中から弓状に湾曲した枝が出ていることがわかり前者も否定できない。落葉小高木で、秋にはピンク色の果実が割れ、中から真っ赤な種(たね)が垂れ下がるのが印象的である。材は硬くハンコの材料に使われるため「ハンコノキ」ともいわれる。8月5日は語呂合せで「ハンコの日」。

8/6 キョウチクトウ 夾竹桃　　キョウチクトウ科

　インド原産の常緑低木で、葉がタケの葉に、花がモモに似ていることから中国名「夾竹桃」となり、それが和名になっている。乾燥や暑さに強く、排気ガスにも強いため街路樹としてもよく植えられている。昭和20（1945）年8月6日は広島に原爆が投下された日。このとき、地上温度は3000度を超えたといわれ、死者は20万人に上ったという。被爆後の夏、キョウチクトウがいち早く花をつけ、多くの人を勇気づけたことから、被爆都市広島のシンボル・ツリーに指定されている。

8/7 バナナツリー　　モクレン科

　8月7日は語呂合せで「バナナの日」となっている。バナナは草本で、木本ではバナナツリーという常緑樹がある。中国原産で、中国名は「含微笑樹」というかわいい名前がついている。日本名はオガタマノキと同じ仲間なのでカラタネオガタマ（唐種招霊）という。5月頃花をつけ、小ぶりで地味ではあるが、バナナに似た香りがする。ちなみに、日本でいちばん多量に食されている果物は、最近、オレンジを抜いてバナナがその座を奪ったとのこと。

8/8 ブッドレア　　　フジウツギ科

8月8日は数字の形から「蝶の日」。英語名でバタフライ・ブッシュ (Butterfly bush) といわれるブッドレアは、小さい藤色の花が房状に次々と咲き、蝶をはじめいろいろな虫たちに蜜を提供してくれる。枝の髄がウツギ（空木）のように空洞になっていることから、「フサフジウツギ（房藤空木）」とも呼ばれている。開花時期も6〜10月と長く、蝶の好きな方は、庭に植えてみてはいかが。

8/9 ナンキンハゼ　南京黄櫨　　　トウダイグサ科

長崎は日本が鎖国をしていた江戸時代、唯一、外国との交易を許されていたことから、この地に持ち込まれた外国の植物も多い。長崎市の木に指定されているナンキンハゼも中国原産の落葉高木。街路樹として植えられることが多く、特に紅葉は鮮やかである。昭和20 (1945) 年8月9日、アメリカ軍により、長崎に原爆が投下された。

8/10 エノキ 榎

ニレ科

　枝が多い木であることから「エノキ」と名づけられたという説があるほどで、夏には葉がよく繁り豊かな木陰をつくる。国蝶のオオムラサキの幼虫の餌になる。織田信長が一里塚に「余の木」を植えろと命令したところ、まちがえてエノキを植えたという。道路の守護木でもある。大正9 (1920) 年8月10日、日本ではじめて近代的な道路整備計画が定められたことから、この日は「道の日」。エノキは木の中で人間による植栽の歴史が最も古い木であると、民俗学者柳田國男は述べている。

8/11 スダチ 酢橘

ミカン科

　ユズの近縁種で、果汁の香りがいい。徳島県の特産。酢橘（すたちばな）が転じてスダチとなったようだが、学名も *Citrus sudachi* と日本名が使われている。ユズと異なり実が青いときに食され、8〜10月が食べ頃となる。特に、秋の味覚・秋刀魚（さんま）の塩焼きには欠かせない。特産地の徳島県内では、「阿波踊り」で名高い盆踊りが、8月11日から15日までを中心にして、各地でそれぞれにぎやかに開催される。

8/12　ユッカ

リュウゼツラン科

　花屋さんで「青年の樹」と呼ばれている木がある。メキシコあたりが原産地のユッカの一種で、太い幹から次々にピーンとした新葉が出て生命力が強いことから「青年の樹」と名づけられたらしい。幹が象の足を連想させるとして、学名は *Yucca elephantipes*（「象のような足のユッカ」の意味）。同じ仲間のアツバキミガヨランは春秋の2回、大きめの鈴のような白い花を咲かせ、葉が硬く鋭いので防犯を兼ねて庭に植えられることが多い。8月12日は、国連が定めた「国際青少年デー」。

8/13　シキミ　樒 梻

モクレン科

　常緑小高木で、樹皮や葉を乾燥させて抹香がつくられる。漢字では「樒」あるいは「梻」と書くようにお寺に因縁のある木で、ほとんどのお寺に植えられているという。実に毒があるので「悪しき実」から「シキミ」という名前になったといわれる。だが、毒が思わぬ効果を生み、カラス除けになるというからおもしろい。8月13日はお盆の最初の日。西本願寺が毎月第2土曜を「お寺の日」と定めたが、お盆に里帰りした折に、墓参りをする人も多いのではなかろうか。

8/14　デイゴ　梯姑　　　　　　　　　　　マメ科

　宮沢和史が作詞・作曲した『島歌』は、台風や戦争のない穏やかな平和な島沖縄を祈る歌である。この歌に登場するデイゴは、沖縄の県の花。常緑低木で、なんといっても特徴的なのは、マメ科特有の蝶形のいかにも熱帯をイメージさせる強烈な赤い花である。デイゴによく似た木にカイコウズ（海紅豆）がある。これは南アメリカ原産で、アメリカデイゴとも呼ばれ、鹿児島県の県木となっている。8月14日は終戦記念日の前日、台風や戦争のない穏やかな国であってほしいものである。

8/15　ムクゲ　木槿　槿　　　　　　　　　アオイ科

　フヨウ（ハイビスカス）属のムクゲは、中国原産で中国名「木槿（ムージェ）」、韓国名は「無窮花（ムグンファ）」という。朝咲いて夕方には萎れる一日花で、昔は「アサガオ」とも呼ばれ「槿花一朝の夢」という言葉にもなった。夏の暑さの中で毎日のように新しい花を咲かせるムクゲは、韓国では国の繁栄を象徴するとして国花になっている。8月15日は日本では終戦記念日であるが、隣国の韓国では独立宣言の日で、ムクゲはこの日にふさわしい。「朝ごとに妻に手折りし無窮花」と花を生けるのも楽しみである。

8/16 シナノキ 科木   シナノキ科

　落葉広葉樹で、材の木目が細かく均質なため合板などに使われる。6〜7月頃に咲く淡黄色の小さい花はいい香りがしてミツバチの蜜源にもなる。長野県をいう「信濃」はこの木からきているそうで、松本市の大名町通りにはシナノキの街路樹が植えられていて、花の頃は町中にいい香りが漂い、環境省の「かおり風景100選」にも選ばれている。松本市では、毎年8月中旬から9月上旬に世界的指揮者小澤征爾が率いる「サイトウ・キネン・フェスティバル」コンサートが開催される。

8/17 ベンジャミンゴムノキ ベンジャミン護謨の木 クワ科

　わが国では室内観葉植物としておなじみのベンジャミンゴムノキは、英語名がウィーピング・フィグ（Weeping fig、したたるイチジク）とあるように、大木になると大量の気根を伸ばすのが特徴である。確かに、ジャカルタに滞在していたとき見た大きな枝ぶりの木から数メートルもの長さのひげのようなものが垂れ下がっていたのを思い出す。インドネシアの国章に取り入れられていて、多民族の団結・統一を表しているという。インドネシアは、1945年8月17日に日本からの独立を宣言した。

8/18 ヒョウタンボク　瓢箪木　　スイカズラ科

　7～9月に赤い丸形の実が2個並んでつく様子がヒョウタンのようだということから名前がつけられた。ただし、実は有毒なので、注意が必要。花は4～6月に咲くが、はじめは白く、後に黄色になることから「キンギンボク」ともいわれている。戦に勝つたびにその数を増やしていったという「千成瓢箪」は秀吉のトレードマーク。豊臣秀吉は慶長3(1598)年8月18日に没し、この日は「太閤忌」とされた。

8/19 イチジク　無花果　　クワ科

　イチジクは「知恵の木の実」と呼ばれ、江戸時代に日本へ入ってきた。落葉樹で、1日1個ずつ熟することから「一熟」となり「イチジク」に変化したという説がある。「無花果」と書くが、花がないわけではなく、花は実の中に隠れている。日本のイチジクは自家受精、原産地ではイチジクコバチが果実にもぐりこんで花粉を媒介する。乾燥させたイチジクの実には緩下作用がある。日本ではじめて栽培に成功した兵庫県川西市は現在も生産量日本一、毎年8月中旬には品評・即売会が開かれる。

8/20 テイカカズラ　定家葛　　キョウチクトウ科

　テイカカズラは鎌倉時代初期に活躍した歌人藤原定家にちなむ。定家は、後白河天皇の皇女式子内親王に思いを寄せるが、内親王は斎宮の職につき、清らかに死んでしまう。二人の死後、定家の墓から生えてきた葛に定家の想いが乗り移り、現世でいっしょになれなかった式子内親王の墓に絡みついたという伝説がある。執念の人であったのだろう。5～9月頃、強い芳香のあるスクリュー形の白い花をつける。定家は仁治2（1241）年8月20日に没し、この日は「定家忌」とされている。

8/21 ハイビスカス　　アオイ科

　1959年のこの日に合衆国の50番目の州となったハワイは、毎年人口の5倍の観光客が訪れる大リゾート地である。常夏のハワイでは髪飾りや首飾りにハイビスカスの花がよく使われる。そのイメージからハワイ原産かと思うが、太平洋やインド洋の島々が原産地。ハワイで改良されて世界に広まったという。今では黄色のハイビスカスはハワイ州の花に指定されている。日本の本州では寒くて露地での越冬はむずかしいが、南九州や沖縄などでは屋外でも色鮮やかな花を楽しむことができる。

8/22 バラ（ピンク） 薔薇　　　　　バラ科

　現在のイギリス王室はチューダー朝で、紋章はピンクのバラ（チューダー・ローズ）だが、これは1485年に終息した「薔薇戦争」に由来するという。赤バラを紋章とするランカスター家と白バラを紋章とするヨーク家の間の「薔薇戦争」の終戦を機にランカスター家のヘンリー王子とヨーク家のエリザベス王女が結婚、新たにチューダー家を作り、紋章を赤と白の融和を表すピンクのバラにしたというのもなかなか粋である。ヘンリー王子は1485年8月22日に即位（ヘンリー7世）した。

8/23 ビャクシン 柏槇　　　　　ヒノキ科

　「けんちん汁」の発祥地ともいわれている鎌倉五山のひとつ建長寺の参道には、両側に樹齢750年のビャクシンが植えられている。これは日本最初の禅寺である建長寺を建立（1253年）した蘭渓道隆が中国から持ち帰った種から育てられたものといわれている。8月23日、24日は、建長寺の開山忌が行われる。ちなみに、ビャクシンの実は丸く、独特のにおいの油分があって薬効があり、お酒のジンのにおいつけにも使われる。

8/24 ナツミカン　夏蜜柑　　　　　　　　　　ミカン科

　5月頃、白い花が咲き秋頃に実がなるが、そのまま木においておくと次の年の夏頃には酸味が抜けて食べやすくなる。終戦直後の昭和21 (1946) 年8月24日のこと、翌日予定されていた伊東市と東京を結ぶNHKラジオの放送用に、急遽曲作りを頼まれた作曲家海沼実は、たまたま訪問してきた作詞家加藤省吾とともに、たった1日で童謡『みかんの花咲く丘』を完成させ、翌日の放送に間に合わせたというエピソードがある。海沼実は児童合唱団「音羽ゆりかご会」の創設者でもある。

8/25 タイサンボク　泰山木　大山木　　　　モクレン科

　北アメリカ原産のタイサンボクは、大きな花を賞賛して、学名は *Magnolia grandiflora*（「大きな花のマグノリア」の意味）。南北戦争の北軍の将軍で、後に18代アメリカ大統領になったグラント将軍は、1879年に夫人同伴で訪日し、8月25日には都民主催の歓迎会が盛大に開催された。その折、夫人がこの木を上野公園に記念植樹し、今も「グラント玉蘭」と呼ばれて日米友好のシンボルのひとつになっている。高木なのでなかなか身近で花を見られないが、堂々として品のある花である。

8/26 シモツケ　下野

バラ科

　今の栃木県にあたる下野国が産地であることから、シモツケと名づけられたというが、下野国にかぎらず全国的に分布している。春に白い花を咲かせるコデマリと同じシモツケ属の樹木であるが、花の少ない真夏に赤い小さな花がまとまって枝先に咲き、和ませてくれる。

8/27 ヤマナラシ　山鳴し

ヤナギ科

　ヤマナラシの学名は *Populus sieboldii* で、日本の植物や日本文化をヨーロッパに紹介したシーボルトを記念している。風が吹くと枝がたなびき、葉がザワザワと音を立てるので「山鳴し」という名前になった。田舎の小学校に転校してきた少年がまた風のように転校していくという宮沢賢治の『風の又三郎』に登場する木はヤマナラシだと想像してみたくなる。宮沢賢治は明治29（1896）年8月27日生まれで、今なお、ファンも多く、生地の岩手県石巻市では生誕祭が行われる。

8/28　ドイツトウヒ　　独逸唐檜　　　　　　　　　マツ科

　明治13（1880）年のこの日、深川の三味線職人松永定次郎が国産バイオリン第一号を完成させ、この日は「バイオリンの日」となった。世界的なバイオリンの名器は、17世紀にイタリアのアントニオ・ストラディバリの製作した「ストラディバリウス」だが、その響板はドイツトウヒ。ヨーロッパで最も優良な針葉樹で、光沢といい弾力性といい楽器に最適という。ところで、クリスマス・ツリーといえばモミの木と思うが、ドイツトウヒのほうが樹形もより美しく最もよく使われるという。

8/29　コショウノキ　　胡椒の木　　　　　　　ジンチョウゲ科

　8月29日は「焼き肉の日」ということで、肉料理に欠かすことのできないのは香辛料コショウである。その学名を *Piper nigrum* といい、つる性の植物の実である。肉食が多いヨーロッパでは貴重で、中世にはコショウ1gは銀1gに相当したという。おもしろいことに日本の照葉樹林にはコショウノキという常緑低木が生えている。ジンチョウゲに似た芳香のある白い花をつけ、実は赤く熟し美しいが、猛烈に辛いことからコショウノキと名づけられた。

8/30　アレカヤシ　アレカ椰子　　　　　ヤシ科

　観葉植物としてもポピュラーになったアレカヤシは、英名ゴールデン・ケイン・パーム（Golden Cane Palm）で、黄色い茎と繊細な緑の葉が涼しげな雰囲気を醸しだす。タケヤシ属なのに、アレカヤシと呼ぶのは不思議に思うが、もともとアレカ属に分類されていたことによる。原産地のマダガスカル島は、アフリカ大陸に近接しているが、アフリカとは違った動植物が生息しているたいへんユニークな島。8月下旬とはいえまだまだ暑い日が多く、アレカヤシの風情がありがたく感じられる。

8/31　アボカド　　　　　クスノキ科

　アボカドは南アメリカ原産で、その実は「森のバター」と呼ばれ、世界で最も栄養価の高い果物であると、ギネス・ブックも認めているという。脂肪分を多く含むが、ノンコレステロールの健康食品ということで、八百屋さんの店頭に並ぶことも多くなった。最近は、カリフォルニア巻や刺身風にわさび醤油で食べる人も多い。最も野菜的な果物である。種を鉢にまいて、観葉植物としても楽しめる。八百屋さんの全国組織などが8月31日を語呂合せで「野菜の日」に制定した。

9月

September

長月

9/1 ハッサク　八朔　　　　　　　　ミカン科

　1860年頃、村上水軍でも有名な広島県因島で、浄土寺の住職であった恵徳上人がお寺の境内で発見したのがハッサクの発祥とのことである。ミカン類では最も早く、旧暦の八朔（8月1日）頃から食べられることから「八朔」と名づけられた。果汁にはさわやかな酸っぱさがある。因島で発見された背景には、広範囲に活動していた村上水軍があるのではないかといわれている。9月1日は、各地で八朔祭が催される。

9/2 スイフヨウ　酔芙蓉　　　　　　アオイ科

　ゆっくりと風情ある踊りで有名な富山県八尾町の「越中おわら風の盆」は9月1日から3日まで行われる。この頃は台風の多い210日頃にあたり、強風による稲の被害がないようにと願いをこめて静かに踊るのだという。この祭りを背景にした高橋治の小説『風の盆恋歌』にスイフヨウが登場する。花はムクゲやハイビスカスに似ているが、朝開いたときの白い色は、時間が経つほどに赤みが増し、お酒に酔った女性の風情を連想させることから名づけられたという。

9/3 グミ 茱萸

グミ科

　グミの仲間では、田植えどきに実のなるナワシログミ、夏に実のなるナツグミ、秋に実のなるアキグミをよく見かける。グミという名は「実を口に含み皮を出す」意味の「含む実」からとか、渋味があるので「えぐみ」と呼んでいたのが転じたといわれている。そういえば、子供の頃食べたグミの実は酸っぱいような苦いような味で、たくさんは食べられなかったような気がする。アキグミは英名オータム・オリーブ（Autumn olive）といい、9〜11月に赤く熟す。

9/4 ツゲ 黄楊 柘植 柘

ツゲ科

　長い黒髪を梳かす女性の姿というのはなかなか風情があるが、それになくてはならないのが櫛。その櫛に最もいい材料がツゲ。材質が緻密で硬く、静電気も起こらずに、髪に優しいのが特徴である。人間国宝である木地師・川北良造氏（石川県在住）は、わが国のツゲの櫛の加工技術は「凄い」といっている。確かに、精巧な細工でしかも使うほどに髪の油が乗って使いやすくなる。9月4日は、語呂合せで「櫛の日」とされている。

9/5　ジュラシック・ツリー

ナンヨウスギ科

　1994年9月、オーストラリアのウォレマイ国立公園で発見されたナンヨウスギ科の一種は2億年以上前に地球上に登場した世界最古の樹木である。現地ではウォレマイ・パイン（Wollemi pine）と呼ばれているが、日本ではジュラシック・ツリーというニックネームで、2004年に開催された浜名湖花博のシンボル・ツリーとして展示されていた。その幼木は3m程度ではあったが、太古の森を偲ばせる風情があった。「ク（9）リーン・コ（5）ール・デー」の語呂合せで「石炭の日」。

9/6　クロキ　黒木

ハイノキ科

　クロキは関東より西の地域に自生するごく地味な常緑高木で、照葉樹林に生えるが、シイが内陸に多いのに対して沿岸域に多い。樹皮が黒いことからクロキ（黒木）と名づけられた。3〜4月に葉の付け根に白い丸形の控えめな花をつける。女優の黒木瞳の芸名は出身地の福岡県黒木町にちなみ、作家五木寛之が命名したそうだが、控えめながら凛とした存在感とこの木の花の印象が不思議とよく合うように思う。9月6日は語呂せから「黒の日」となっている。

9/7 ブーゲンビレア

オシロイバナ科

　ブラジル原産のつる植物で、1766年、ルイ15世の命でフランス人としてはじめて世界周航に出たフランス船団の艦長ブーゲンビル（ブガンビーユ）にちなんで名づけられた。発見者はこの船に同乗していた植物学者でプラント・ハンターであったP. コンメルソンで、ブラジルのリオデジャネイロの近くで発見したという。熱帯を代表する花木で、ピンクに近い紫の花は情熱的である。9月7日はブラジルの建国記念日。

9/8 ローズマリー

シソ科

　この花の属名 *Rosmarinus* には「ros（露）＋marinus（海の)」つまり「海の露」というロマンチックな意味がある。ただ英名のRosemarryも学名もバラとは関係がない。地中海沿岸原産の低木で、海岸に自生し、肉料理などに添えられるハーブとしても知られている。花は青色だが、この花の色には、聖母マリアが幼いキリストを追っ手から守るためにローズマリーのブッシュに隠し、青いマントをかけたところ白い花が青色になったという伝説がある。9月8日は聖母マリアの誕生日。

9/9 クリ 栗　　　　　ブナ科

　秋の味覚クリの実が出まわる頃は涼しくなり、「栗ご飯」と秋刀魚の塩焼きが定番になっている家庭も多いのではないか。クリの仲間は日本に自生するクリ（ニホングリ）のほかに、天津甘栗になるチュウゴクグリやマロングラッセになるヨーロッパグリなどがあり、これらは日本のクリに比べて渋皮が剝がれやすい。クリの仲間はどれも実の部分を包んでいる殻に鋭いイガがあるのが特徴。ブナ科の落葉高木で、春には強烈なにおいのある雄花が穂のように集まってつく。

9/10 ゴムノキ 護謨の木　　　　　クワ科

　自動車のタイヤになくてはならないのがゴム。天然ゴムはトウダイグサ科のパラゴムノキやヤシ科のアラビアゴムノキの樹液から得られ、かつてはインドゴムノキも使われたが、製品を作るには樹液を適度な硬さにする必要がある。1839年、アメリカの発明家 C. グッドイヤーはゴムに硫黄を混ぜる実験中に誤ってストーブに当ててしまい、そこからゴムを適当な硬さにする方法を得たという。「怪我の功名」的だがすごい発明となった。この日は兵庫県車整備振興協会制定の「車点検の日」。

インドゴムノキ

9/11　キウイ

マタタビ科

　20世紀の初期、中国原産のシナサルナシ（支那猿梨）をニュージーランドの学者が持ち帰り、果物ように果実を改良したもので、その実がニュージーランドの国鳥キウイに似ていることから名づけられた。日本でもブドウ棚のようにして栽培されて実もなるが、もぎたての実は酸っぱすぎて苦手な人がいるかもしれない。収穫後、しばらくの間バナナやリンゴといっしょに常温で保存すると追熟して美味しくなるので、試してみてはいかがだろう。

9/12　キャラボク　伽羅木

イチイ科

　イチイの変種で枝が地面をはうように伸びて広がり、葉は互生するがらせん状につくためにきれいな二列に並ばないところなどがイチイとは異なる。鳥取県の大山周辺に群生地があり、国の特別天然記念物に指定されている。このことから、ダイセンキャラボクとも呼ばれ、鳥取県の県の木に指定されている。9月12日は鳥取県民の日。

9/13　ナツメ　棗　夏芽　　　クロウメモドキ科

　芽吹きが遅く、夏に芽を出すことから「夏芽」と名がつけられた。実は秋に赤褐色になり食べられる。茶道具の棗は形がこの実に似ていることから名づけられた。日露戦争で旅順開城を果たした総大将乃木希典はロシア軍のステッセル将軍と水師営で会見し、そこには1本のナツメの木があったという。乃木大将は大正元（1912）年9月13日、明治天皇の大葬の日に妻とともに殉死する。乃木邸には水師営のナツメのひこばえが移植されている。

9/14　ガマズミ　莢蒾　　　スイカズラ科

　この花は5～6月頃咲き、白くて比較的地味だが、秋に実が熟すると真紅になり珊瑚のかんざしのようにも見える。そこから「赫之実」と呼ばれていたのが転じてガマズミという名になったという。また、別の説では、枝が鎌の柄になり実が酸っぱいので「鎌酸実」という字を当てたことにちなむという。亀の甲羅ような形をした葉は虫の餌になりやすく、実も野鳥によく食される。なかなか、愛すべき木である。

9/15 シラカシ 白樫・白橿 ブナ科

　英語のオーク（oak）をカシ（樫）と訳すのはまちがいで、ナラ（楢）と訳すべきという説がある。確かにイギリスのオークは落葉樹なのでナラと訳すべきかもしれない。だが、オークの仲間コナラ属には落葉樹と常緑樹両方あるので、あながちまちがいではないだろう。シラカシというのは材が白いせいだが、樹皮が黒っぽいため別名クロカシとも呼ばれる。岐阜県揖斐川町の白樫神社では、毎年9月15日に水源である夜叉ケ池・古鹿ケ池の龍神に白樫踊りが奉納される。

9/16 ポプラ ヤナギ科

　ポプラといえば100年ほど前に植えられた北大農学部の並木が有名。この木はヤマナラシの仲間のセイヨウハコヤナギ（ヨーロッパヤマナラシ）やウラジロハコヤナギ（ギンドロ）などのことで、北大並木にも見られる。少しの風でも葉が揺れてざわめき、幹や枝はまっすぐ上に向かって伸びる。材は軽く軟らかく加工しやすいことからマッチの軸材として使われる。昭和23（1948）年9月16日、マッチの自由販売が認められ、この日は「マッチの日」。

9/17　アベリア　　　　　　　　　　　　　　　　　　　スイカズラ科

　アベリアはツクバネウツギ属の学名で、イギリスの植物学者エイブル（Abel）にちなんでつけられた。花が散ったあとのがくの形が羽根突きの羽根に似ていて、花がウツギに似ることから「ツクバネウツギ（衝羽根空木）」という。一般的には交配種のハナツクバネウツギ（花衝羽根空木）がアベリアと呼ばれて、生垣や植え込みに多い。花が5～9月頃までと長く、たいへん身近だがやや地味な存在である。暑い夏が終わる頃、勢いを増し白い花をたくさんつける。

9/18　チリマツ　智利松　　　　　　　　　　　　　　ナンヨウスギ科

　先がとがった多肉質の葉が枝にゴツゴツとつき、猿も登るのに迷うというのだろうか、英名はモンキー・パズル（Monkey puzzle）という。ヒマラヤスギ、コウヤマキとともに「世界三大園芸樹」のひとつで、公園や洋式庭園に多い。南アメリカ大陸のチリが原産地なのでチリマツというが、実際はナンヨウスギ科の一種。スペインに統治されていた1810年9月18日、チリ人による初の政治集会が開催されたことから、この日はチリの独立記念日。

9/19 ウバメガシ　姥目樫

ブナ科

　9月19日は「炭の日」。炭は燃料以外にも脱臭剤や最近の健康ブームにのって浄水や安眠促進用の製品、入浴剤などにも活用されている。最高級品・備長炭はウバメガシをおもな材料にしている。ウバメガシの名は芽だしが茶褐色なので「姥芽」からとか、芽をお歯黒に使ったことからとかいわれ、ほかにもいろいろな説がある。また、海辺近くに生えるカシであるという意味の「海辺樫」に由来するというのもなかなか説得力がある。コナラ属の常緑樹で、花をつけた翌年にどんぐりの実がたくさん熟する。生長が遅いが、そのぶん、材はたいへん硬く、木炭にすると火力が強くなるといわれている。ちなみに、備長炭は紀州田辺の炭屋備中屋長左衛門が元禄の頃に開発したことからこう呼ばれるようになったとのこと。

9/20　シベリアアカマツ　　西比利亜赤松　　　マツ科

　草原の国モンゴルには北部を中心に森林があるが、山火事などで年々面積は減少している。最近、モンゴルからの黄砂が日本に降ることもあり、モンゴルでの植林の必要性が指摘されている。2004年9月20日、博覧会協会、国土緑化推進機構、NPOのGNCなどと日本人ボランティアがモンゴルの人々と共同して山火事跡地に4000本のシベリアアカマツを植樹した。シベリアアカマツは、モミの木のように堂々とした樹形になるので、何十年後かには立派な松林になればと祈っている。

9/21　どんぐりの木　　団栗の木　　　ブナ科

　どんぐりは、コナラ、カシ、シイ、クリなどのブナ科樹木の果実のことである。ブナ科の木は世界に700種類以上、日本には23種あるという。日本は「どんぐりの王国」ともいわれるのだが、それは落葉樹だけでなく、シイやカシなどの常緑樹のどんぐりがあるからだ。宮沢賢治の小説に「どんぐりの背比べ」をモチーフにしたと思われる『どんぐりと山猫』という作品がある。賢治は昭和8（1933）年9月21日に亡くなり、この日は「宮沢賢治忌」。

9/22 ミヤギノハギ　宮城野萩　　　　　マメ科

「宮城野」は仙台市にある古い地名で、そこにちなむミヤギノハギは宮城県の県花であり仙台市の花でもある。東北に自生するというが、宮城野にあったかどうかは定説がないようだ。『源氏物語』の「宮城野の露吹きむすび風の音に小萩がもとを思いこそすれ」から、ハギと宮城野をつなぐ連想が生まれたのかもしれない。ハギ（ヤマハギ）は枝がほとんど垂れないが、ミヤギノハギは地面すれすれまで垂れ、花が早いので別名ナツハギという。9月中旬は仙台の萩祭がある。

9/23 キササゲ　木𧀮豆　楸　　　　　ノウゼンカズラ科

中国原産の落葉高木であるキササゲは、秋には、インゲンマメに似たササゲ（大角豆）のような長い実をつける木であることから名づけられた。漢字では「木」偏に「秋」とも書く。花は6〜7月に咲き、カトレアに似ている。この実は「梓実」と呼ばれ、漢方の利尿薬として使われる。9月23日は「秋分の日」。

9/24 エニシダ 金雀枝　　　マメ科

エニシダ白花品

ホホベニエニシダ

　昭和46（1971）年9月24日、「廃棄物の処理及び清掃に関する法律」が施行されたことから、この日は「清掃の日」。箒は掃除の必須道具のひとつだが、イングリッシュ・ブルーム（English bloom「イギリスの箒」の意味）の名があるのがエニシダ。春、黄色や白色のかわいい花をつける。魔女が飛ぶときまたがるのは、日本のような竹箒ではなく、このエニシダの箒だろうか。マメ科の落葉樹で、名前の由来はオランダ語の「genista（ヘニスタ）」が訛ったのだという。

9/25 タブノキ　椨の木　　　　　　　　　　クスノキ科

　潜在自然植生をもとに3000万本の木を植え続ける植物学者宮脇昭は、照葉樹林を構成するシイ、カシ、タブノキをわが国の代表的な樹木とし、なかでもタブノキが代表だという。タブノキは常緑高木で、西日本の低地に広く分布する。名は「霊の木」に由来するといわれ、鎮守の森にもよく見かける。2005年、愛知万博では閉幕日の9月25日に「ハンド・イン・ハンド」という木を植えるイベントが開催されたが、潜在自然植生に気を配りたいものである。

9/26 ルリヤナギ　瑠璃柳　　　　　　　　　ナス科

　「耳なし芳一のはなし」など日本の伝説や幽霊話に題材をとった怪奇文学で有名な小泉八雲ことラフカディオ・ハーンは、英語教師として島根県の松江に住んでいた時期があり、今も松江城のお堀脇には「ヘルン旧居」と愛称されるハーンの旧居が残っていて多くの観光客が訪れる。夏から秋の花の少ない時期にここを訪れると、紫色の花をつけるルリヤナギが咲き、印象的である。日本を愛し、日本に帰化した八雲は、明治37（1904）年9月26日に亡くなった。

9/27 イチョウ　公孫樹　銀杏　　　　　　　イチョウ科

　約1億9000万年前に誕生し「生きた化石」といわれる。中国から仏教とともに伝来し、火に強いためか、お寺や街路樹に多い。葉の形が「鴨脚(ちゃくきゃく)」に似ていることから名づけられたという。明治29(1896)年9月、平瀬作五郎は東大の小石川植物園にあるイチョウの木から精子を発見した。春、雄株から出た花粉は雌株の花粉室に入って4か月間ほど待機し9月頃に精子になって造卵器に入り受精する。その世界的な発見をもたらした「精子発見のイチョウ」は小石川植物園の名物になっている。

9/28 カイノキ　楷の木　　　　　　　　ウルシ科

　大正4(1915)年、白沢保美博士が中国山東省曲寧の孔子廟からこの樹の種(たね)を持ち帰り、閑谷学校、湯島聖堂、足利学校など、孔子ゆかりの地に植えた。世界の四大聖人の一人である孔子は西暦前551年9月28日の生まれ。彼が死んだとき、弟子たちが全国から芳木を集め廟のまわりに植えたが、カイノキはその代表で「孔子の木」とか「学問の木」といわれる。ちなみに、楷書体はカイノキの枝ぶりに由来しているという。別名トネリバハゼノキ。

9/29 シロマツ 白松

マツ科

　樹皮が滑らかで、老木では白くなることから名づけられた。中国原産で、中国では神聖な木とされている。マツの葉は針のように細く数本が束になってつくが、アカマツやクロマツは2本、ゴヨウマツ（五葉松）は5本、シロマツ（別名サンコノマツ）は3本が一束になっている。昭和47（1972）年9月29日、田中角栄首相と周恩来首相が共同声明を発表し、日中の国交が正常化したことから、この日は「日中正常化の日」。フォーチュンが発見したシロマツは日中友好の木とされている。

9/30 クルミ 胡桃

クルミ科

　野菜族と果物族の対立のなかでドラマが展開していくNHKの人形劇『チロリン村とくるみの木』を懐かしく思う人も多いのではないか。クルミは呉の国から渡来したことから「呉実（くれみ）」が変化して名になったという。種子は栄養価が高く古くから食用にされている。硬い殻を割るためにドイツではお馴染みのクルミ割り人形という民芸品ができあがった。「くる（9）み（3）はまるい（0）」という語呂合せで、この日は「クルミの日」。

10月

October

神無月

10/1 スギ 杉   スギ科

　スギの語源にはいろいろな説があるが、一説に陽樹のヒノキ(「日の木」)に対して「月の木」から変化してスギとなったというのもおもしろい。生長が早く「すぐ木」になるとか、真っ直ぐに生長するので「直(すぐ)木」といわれたためともいう。戦後、全国的に植林され、今では植林地の約6割はスギ林といわれる。日本人の生活と深いかかわりがあり、なかでも日本酒とスギは切っても切れない。日本酒の樽材となり、新酒ができると造り酒屋では杉玉を店先に吊す。10月1日は「日本酒の日」。

10/2 ギンモクセイ 銀木犀   モクセイ科

　中国原産の常緑小高木で、儒学者林道春は『梅村載筆』で、モクセイを「はじめ天より下りて、秋に到ればその香り遠きに聞こゆ。時に天人ありて李木李犀という。これ天上の桂木なり」と書き、ここから「木犀」の名になったという。中国ではギンモクセイは「桂花」、キンモクセイは「丹桂」と呼ばれている。ギンモクセイはキンモクセイの基本種で花は白く、キンモクセイに比べ香りも控えめだが品がよい。キンモクセイと同じく、日本には雄株しかないという。

10/3 キンモクセイ 金木犀 モクセイ科

　春のジンチョウゲ、夏のクチナシと並ぶ日本三香木のひとつ。ギンモクセイの変種で枝ぶりや葉はほとんど見分けがつかないが、花は橙黄色で香りが強い。江戸初期に中国から入ったが、日本にある株はすべて雄株で実がならない。雄株しかないがゆえに香りがあれほど強いのかもしれない。静岡県の三島大社にはキンモクセイの巨木（国の天然記念物、厳密にはウスギモクセイ）があって、周囲に香りを放っている。不思議と10月3日頃にはあの香りが初秋を運んできてくれるという人もいる。

10/4 イタビカズラ 崖石榴 クワ科

　イチジク属のイタビカズラは常緑のつる性木本で、よく分枝する枝から気根（きこん）を出して岩などに絡みつく。卒塔婆などに使われている平たい石碑を「板碑（いたび）」といい、これにも絡みつくことから名づけられたという。同じ仲間のヒメイタビは枝も小さく、石塀などにもびっしり絡みつく。街中の景観を損ねているコンクリート・ブロック塀には是非、常緑のイタビカズラやヒメイタビをはわせてはいかがだろうか。10月4日は、「都市景観の日」。

10/5　レモン　檸檬　　　　ミカン科

　すっかり身近になったレモンの名は、アラビア語の「ライムン」やペルシア語の「リムン」からきているという。虫刺されの消毒や食中毒防止効果もあり、見た目も清涼感がある。『智恵子抄』で有名な高村光太郎の妻智恵子はレモンが好きで、昭和13（1938）年10月5日に亡くなった智恵子の命日は「レモン忌」、また「レモンの日」でもある。智恵子の最期を歌った『レモン哀歌』は繊細で透明感溢れる智恵子とレモンが鮮やかに重なる。智恵子の切り絵は繊細な独特の色彩感覚が印象的。

10/6　アケビ　通草　木通　　　　アケビ科

　別名アケビカズラともいうように、つる性の樹木で、つるは籠などの細工物に使われる。秋に、長楕円形の果実が熟すると自然に果皮が開くことから「開け実」と呼ばれていたのが訛って「アケビ」となったという。黒い小さい種を包む果肉には不思議な甘さがある。「木通」とか「通草」と書くのは、便秘に効果があることに由来するものである。「舌にのせ風の甘さの通草の実」（佐藤和枝）の俳句のように、さわやかな秋の味覚である。

10/7　コナラ　小楢　　　　　　　　ブナ科

　本州から九州に分布する落葉高木で、クヌギと同じく日本の雑木林の代表であるが、クヌギに比べて幹が黒っぽく引き締まって見え、どんぐりも少し細長い。童謡『どんぐりころころ』を作詞した青木存義は子供の頃朝寝坊で、それを見かねた母親が庭の池にドジョウを入れ好奇心を誘おうとしたそうで、ドジョウを見ていた体験から歌を作ったという。歌のどんぐりは真ん丸のクヌギよりも少し細長いコナラのほうではないかと想像する。秋、葉は赤や黄色に染まり、里の秋を演出する。

10/8　ケヤキ　欅　　　　　　　　ニレ科

　「木」という漢字には「十」と「八」という数字があるので、10月8日は「木の日」。わが国の「木」の中の「木」を選ぶとなるとなかなかむずかしいが、ケヤキとしたい。作家井上靖は「ケヤキという木は武蔵野の木であり、東京の木である。」と書いているが、全国の市町村の木として多く指定されていて、威風堂々とした大木は全国あちこちにある。名前も際立つという意味の「けやけき」からきている。材は木目も美しく、大黒柱、家具、和太鼓などにも重用されている。

10/9　**タラヨウ**　多羅葉　　　　　　　　　　モチノキ科

　常緑高木でツバキの葉を長くしたような葉は長さ20cmにもなり、その裏側に釘などの先のとがったもので字を書くと文字が黒く浮き出てくる。古代インドでは手紙などを書くのに「多羅葉」の葉を使ったというが、その木になぞらえてこの名がつけられた。「葉書」という言葉の語源はここからきていて、別名「ハガキの木」と呼ばれ、もちろん「郵便局の木」ともなっている。万国郵便連合が昭和59（1984）年に、10月9日を「世界郵便デー」に制定した。

10/10　**イチイ**　一位　櫟　　　　　　　　　　イチイ科

　約800年前の天皇即位の折、飛騨産出のこの木を献上し、最高位である正一位の笏（しゃく）に使われたことから名づけられたという。別名オンコとかアララギと呼ばれる。威風堂々とした樹形となり、特に飛騨の位山（くらいやま）産の材がいいとされる。位山の麓・高山は日本情緒に溢れ、外国人観光客から最も日本的な町と評価され、またイチイを使った一位一刀彫は飛騨の伝統産業でもある。飛騨高山では毎年、春4月14、15日、秋10月9、10日に高山祭りが行われ、一位一刀彫の山車が華やかに引き回される。

10/11 リンゴ　林檎　　　　　　　　　バラ科

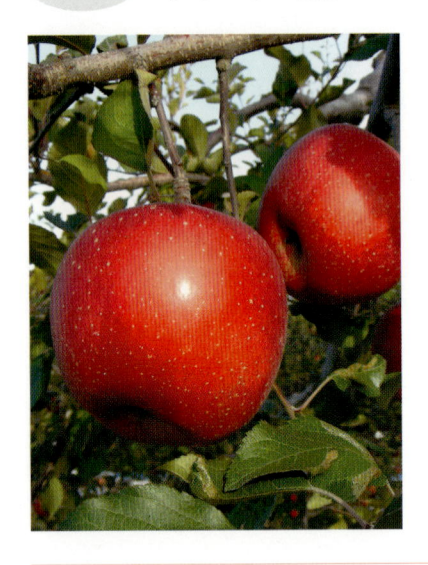

　赤いリンゴの実が木になっているのを実際に見ると、よくもこんなに大きい実をたくさんつけていると感心する。サトウハチロー作詞・万城目正作曲により、昭和20（1945）年に発表された『りんごの唄』は、並木路子の澄んだ歌声に乗って、敗戦の空気に沈む多くの人の心を元気づけたという。この『りんごの唄』は、戦後はじめて制作された映画『そよかぜ』の主題歌として作られた。その映画は、終戦の年の10月11日に封切られた。

10/12 ハギ　萩　　　　　　　　　マメ科

　樹木ながら『万葉集』で山上憶良が詠った秋の七草の最初にあげられ、秋の代表として、日本では「萩」の字をあてる。なかでもヤマハギは全国的に分布し、7月頃から卵形の葉に紅紫色の可憐な花が咲きはじめる。シラハギやニシキハギも見ごたえがある。「一つ家に遊女も寝たり萩と月」と詠んだのは芭蕉。芭蕉は元禄7（1694）年10月12日「旅に病んで夢は枯野をかけ廻る」という辞世の句を残して亡くなった。ハギは昔から日本人に親しまれ、『万葉集』では最も数多く詠われているという。

シラハギ

10/13　ダツラ　　　　　　　　　　　　　　ナス科

　常緑低木で、アサガオ形の大きな花が下向きにつき、夕方から咲く。別名のチョウセンアサガオのほうがわかりやすいかもしれない。最近は別の属にされているが、よく似た花に「エンゼル・トランペット（Angel trumpet）」があり、栽培も多い。チョウセンアサガオは有名な有毒植物だが、毒も使いようで、華岡青洲はこのダツラを配合した麻酔薬を使い、文化元（1804）年10月13日、世界ではじめて全身麻酔のもとに乳ガン摘出手術に成功したのである。この日は「麻酔の日」。

10/14　シイノキ　椎の木　　　　　　　　ブナ科

　日本の潜在自然植生は照葉樹林で、代表樹種はシイノキ。「歌のオバサン」と親しまれる安西愛子の歌った『お山の杉の子』は戦後の植林活動のテーマソングとして、シイノキ林のそばのはげ山にスギが植えられ生長する様を歌っている。だが、徐々に生長したスギも間伐などの手入れがむずかしく困難な局面にある。10月14日は「全国育樹祭」。木を育てる重要性をアピールしているが、植物学者宮脇昭がいうように、潜在自然植生の代表であるシイノキなどを大切にしたいものである。

10/15 アカマツ　赤松

マツ科

　10月15日は「キノコの日」だが、日本人にとっての「キノコの王様」は、なんといってもマツタケではなかろうか。社会人になりたての頃、職場のある大会で優勝し、賞品のマツタケを飽きるぐらい焼いて食べた思い出がある。松食い虫被害や山の管理が悪くなったせいか日本で採れる量が減り輸入物が多くなっているが、秋の味覚の代表である。マツタケはアカマツとツガ、コメツガの根だけにつくのでシイタケのように栽培ができず、栽培法の開発はキノコ関係者の悲願だという。

10/16 リョウブ　令法

リョウブ科

　7月頃、少し地味な白い花を房状につけ、その形が白竜の尾を連想させることから「竜尾(りゅうび)」と名づけられたという。また、漢名の「令法(りょうほう)」が訛ってリョウブとなったという説もある。全国的に分布する落葉小高木で、若葉は食用になり、救荒植物として利用された。そのためこの木の栽培を命じる令法があり、名も「令法」となったという。昭和20(1945)年10月16日、国連食糧農業機関(FAO)が設立された、この日は「世界食糧デー」。「備えあれば憂いなし」である。

10/17　マルメロ

バラ科

　マルメロは5月頃にピンクの花をつけ、10月頃には洋梨のような実をつける。カリン（花梨）とよくまちがえられるが、カリンはボケ属、マルメロはマルメロ属である。中央アジア原産。古くからヨーロッパで栽培され、日本へは寛永11（1634）年に渡来して、ポルトガル語からマルメロと呼ばれるようになった。長野県諏訪市で栽培が盛んだが、ここでもカリンと呼ばれていて、10月頃に開かれる祭りでは「カリン並木」でマルメロの香りを楽しめる。ジャムや砂糖漬けで食べることが多い。

10/18　シーボルトノキ

クロウメモドキ科

　日本に近代医学を伝えたシーボルトはプラント・ハンターでもあり、近代植物学を日本に紹介した功績も大きい。禁制の日本地図を持ち出そうとして国外追放になるが、オランダ帰国後に『フローラ・ヤポニカ』を出版して、数多くの日本植物をヨーロッパに紹介した。シーボルトが長崎の鳴滝塾に植えていたこの木を、牧野富太郎が彼にちなんで名づけたのも因縁めいている。シーボルトは1866年10月18日に亡くなり、日本人妻の楠本滝との娘・稲は日本初の女医となった。

10/19　クコ　枸杞　　　　　　　　　　　　　　　ナス科

　昔、吉野の山中で空を飛べる神通力を会得した久米仙人は、飛行中、川で洗濯をしていた若い娘の白い足に気を取られて墜落、その後、クコの実を食べてまた飛べるようになったという伝説がある。この仙人は186歳まで生きたそうで、この実の滋養強壮・強精効果を物語っているのかもしれない。茶目っ気もあり、あやかりたい人も多いのではなかろうか。仙人ゆかりの奈良県久米寺では、毎年10月19日頃、仙人祭りが開催される。クコの花は紫色、7～11月に咲く。

10/20　サネカズラ　実葛　真葛　　　　　マツブサ科

　つる性の常緑低木で、秋にはきれいな赤い実をつけることから「実が美しいつる」という意味で「実葛」と名づけられた。茎や枝を水に浸しておくと樹液が出て糊状になり、それを男性の整髪料として使ったことからビナンカズラ（美男蔓）という別名もある。日本毛髪科学協会が語呂合せで10月20日を「頭髪の日」と決めている。和歌にも詠われ、百人一首にも採られている三条右大臣藤原定方の「名にしおはば逢坂山のさねかづら人に知られでくるよしもがな」が有名。

10/21　マダケ　真竹　　　　　イネ科

　1879年に、エジソンが発明した白熱電球には京都八幡産のマダケがフィラメントとして使用された。マダケはタケのなかで最も生長が早く、1日に約120cmも伸びる。その理由は、1本に約60個ある節の部分がそれぞれ伸びるためで、全体の生長が早くなるのだという。縁起物の松竹梅はこうしたことからタケが入っているといわれる。10月21日はエジソンが白熱電球を完成させた日で、日本電気協会などが定めた「あかりの日」。

10/22 ムラサキシキブ　紫式部　　　　クマツヅラ科

　山野に自生する落葉低木で、秋には奥ゆかしい紫色の小さな実をつける。日本文学史上の最高傑作とされる『源氏物語』の作者紫式部の名前にちなんで命名された。江戸時代からこの名で知られ、命名者はわからないが、風情を感じる紫色の実から連想したのだろう、なかなかの発想である。同じ仲間で、やはり紫色の実をつけるコムラサキは名前のとおり少し実が小さい。10月22日は「平安遷都の日」にあたり、京の誕生日を祝う京都三大祭りのひとつ「時代祭」の日。

コムラサキ

10/23 モッコウバラ　木香薔薇　　　　バラ科

　いい香がすることから、「木香薔薇」と書く。「きれいなバラには刺（とげ）がある」という諺があるが、このモッコウバラには刺がない。花は小ぶりの八重で、花の色も上品な淡い黄色のものと白花とがあるが、香りは白い花のほうが強いという。秋篠宮眞子さまのお印とされている。眞子さまの誕生日は1991年10月23日。

10/24　オリーブ　　　　　　　　　　　モクセイ科

　オリーブは、国連のシンボルのモチーフのひとつである。1945年4月25日にサンフランシスコではじまった会議は2か月近い審議をへて国連憲章を採択し、同年10月24日に憲章が発効、国連が正式に発足した。この日は「国連の日」。旧約聖書にノアの箱舟から放たれた鳩がオリーブの葉をくわえて帰ったことで、陸地は大洪水も治まって平和になっていると知ったというエピソードが伝えられている。オリーブは平和と繁栄のシンボルでもある。

10/25　ユーカリ　　　　　　　　　　　フトモモ科

　コアラの餌として知られるユーカリは、オーストラリア原産の常緑高木で、生長が早く、葉はヤナギの葉を大きくしたような感じである。600種ぐらいあるが、そのうちコアラの餌になるのは12種ほどという。オーストラリアの乾燥した土地に生育し、山火事で樹木が焦がされると新しい芽が出てくるというユニークな生態をもつ。コアラは、昭和59（1984）年10月25日に、鹿児島平川動物園、名古屋東山動植物園、多摩動物公園に贈られた。

10/26 カキ 柿

カキノキ科

　正岡子規の有名な句に「柿食えば鐘が鳴るなり法隆寺」がある。カキは日本の秋を代表する果物で、学名も *Diospyros kaki* とされ、世界的にも「kaki」で通用するという。甘柿のなかでも人気のある「富有柿」は、岐阜県本巣市の福島才治が栽培農家の富裕を願って開発し、明治31（1898）年に命名されたという。子規が食べたのはどんな柿だったのだろう。明治28（1895）年10月26日は、子規が有名な俳句を作った奈良旅行に出発した日で、「柿の日」とされた。

10/27 バラ「テディベア」 薔薇

バラ科

　第26代アメリカ大統領テオドア・ルーズベルトは、ある日、狩りに出て獲物がなかったのに、代わりに差し出された小熊を撃つことを拒否したという。この逸話に敬意を表して、1903年のルーズベルトの誕生日に玩具メーカーが売り出したのがテディベア。大統領にあやかり名づけられたこの熊は以後1世紀にわたり人々に愛され続けている。バラのテディベアは、くすんだオレンジ色の花びらがテディベアを連想させることから名づけられたのだろう。ルーズベルトは1858年10月27日生まれ。

10/28 モウソウチク　孟宗竹　　　　　イネ科

　日中友好を記念して中国からパンダが贈られたのは、昭和47（1972）年10月28日。来日した康康と蘭蘭は、あっという間に人々をとりこにして上野動物園の人気者になった。パンダの主食はササかと思ったが、上野動物園では意外にもモウソウチクを与えているという。モウソウチクの名前は、昔、中国の二十四孝のひとりである孟宗が、冬のある日、病に伏せる母親のためにこのタケノコを取ってきたといわれ、その故事にちなんで名づけられたという。

10/29 ハナノキ　花の木　　　　　カエデ科

　三月の彼岸頃、葉より先によく目立つ赤い花をつけることから、この華やいだ名がつけられたという。秋には紅葉して紅くなり「ハナカエデ」という別名もある。愛知を中心に中部地域のみに自生する日本の固有種で、環境省の絶滅危惧種Ⅱ類に指定されている。落葉高木で、それほど目立つ木ではないが、昭和41（1966）年に県民投票で愛知県の木に指定された。名前がよかったのも大きな要因ではなかろうか。10月29日は「愛知県民の日」。

10/30 ヘリオトロープ

ムラサキ科

夏目漱石の『三四郎』で、ハンカチに滲みこませた鋭い香りの香水を三四郎にかがせ、静かに「ヘリオトロープ」と女がいう、という場面がある。日本にはじめて入ってきた香水である。南アメリカ原産の低木で、和名が「キダチルリソウ（木立瑠璃草）」とあるように紫の小さい花をつけ、香りがよいことから「コウスイボク（香水木）」とも呼ばれている。10月30日は「香りの日」。

10/31 チャノキ 茶の木

ツバキ科

チャはツバキと同じツバキ属で、花のつくりなどに違いはあるものの、葉が厚いところなど似ている点も多い。きわめてデリケートで茶畑のまわりにはほのかな香りのするサザンカの生垣を巡らせているところもあるという。世界で飲まれているおもなお茶に紅茶、ウーロン茶（中国茶）、緑茶があるが、これは製法が異なるだけで、原料は同じチャノキの葉である。建久2（1191）年10月31日に臨済宗の開祖・栄西が中国から茶を導入したことから、この日は「茶の日」。

11月

November

霜月

11/1 ドウダンツツジ　灯台躑躅　満天星　　　　ツツジ科

　ドウダンツツジは「灯台躑躅」と書くが、これは三叉になった枝の形が灯明を支える台をイメージさせることによるという。4月頃、スズランのような小さなベル状の白い花をたくさんつける。花をつけた様子が満天の星を連想させるので「満天星」とも書く。ドウダンツツジは花よりむしろ紅葉に特徴があり、秋には鮮やかな赤に紅葉する。明治2（1869）年11月1日、日本初の洋式灯台である三浦半島の観音崎灯台が着工されたことから、この日は「灯台の日」とされた。

11/2 カラタチ　枳殻　枸橘　　　　ミカン科

『カラタチの花』の歌には、北原白秋の抱く故郷・柳川の堀端にあったカラタチの記憶や、山田耕筰に残る父の病気療養地幕張の小学校へ通う道で見たカラタチの思い出が背景にあるという。4〜5月頃白い花が咲き、「金の玉」と歌われた実は12月頃色づく。枝には鋭い刺(とげ)があるが、アゲハチョウが卵を産む。実は食用にならないが、病気に強いため、ミカン類の台木に使われる。独特な色彩感のある詩を数多く残した白秋は、昭和17（1942）年11月2日に亡くなった。この日は「白秋忌」。

11/3 ハゼノキ　櫨　黄櫨　　　　ウルシ科

詩人サトウハチローは、昭和29（1954）年、東京文京区にあった自宅で窓の外のハゼノキの葉が見事に紅葉するのを見て、童謡『小さい秋みつけた』を作詞、翌年11月3日に開催されたNHKの「秋の祭典」で発表されたという。この歌の三番に「入日色」と歌われているハゼノキだが、不思議なのは、葉が緑色のあいだはこの木に近づいただけでかぶれる人もいるのに、なぜか、鮮やかに紅葉する頃にはかぶれることがなくなることである。小粒の黄色い実からは蠟が採れる。

11/4　チーク　　　　　　　　　　　　　　　クマツヅラ科

　世界最高級の木材といわれるチークは、熱帯地域に分布する落葉高木。生木は重くて水に沈むので「巻き枯らし」といって樹皮を環状に剝いで3年ぐらい放置、軽くしてから運ぶ。材は耐久性、強度、加工性にすぐれ色合い・肌合いに品格があり、建材、高級家具材などに使われる。承応3（1654）年に来日した隠元禅師が開いた宇治万福寺の本堂は、寛文8（1668）年に建立されたが、日本で唯一のチーク材を使った建造物である。毎年11月4日には開祖隠元の生誕を祝う行事が行われる。

11/5　カエデ　楓　槭樹　　　　　　　　　　カエデ科

　秋の歌として親しまれている小学唱歌『紅葉(もみじ)』に歌われているように、日本の秋は、カエデの紅葉があってこそ美しさが冴えわたる。カエデは、イロハモミジやヤマモミジ、ハウチワカエデなどカエデ属の総称であり、葉の形がカエルの手のように切れ込んでいることから和名となったという。学名の*Acer*はラテン語で「裂ける」の意味があるが、なかには切れ込みのないものもあり、実が一対の翼をもつことがカエデ科の共通の特徴であるという。

11/6 アルガンツリー

アカテツ科

　ブタならぬヤギの木登りをはじめて見る方がいるかもしれない。登っているのはアルガンツリーといって、モロッコの西南部に広がる砂漠に自生し、オリーブに似た葉や実をつける。幹がゴツゴツと曲がりくねり枝に刺(とげ)があるのだが、ヤギが登って葉や実を食べるという。種(たね)から採れるオイルが椿油のように食用や化粧用、皮膚病にも使われる。モロッコは1975年11月6日、独立を求めて、サハラ砂漠を越える大規模な「緑の行進」を行った。この日は「緑の行進記念日」というモロッコの祝日。

11/7 サザンカ　山茶花

ツバキ科

　二十四節気「立冬」の最初の候は「山茶 始 開(さんちゃはじめてひらく)」。サザンカは日本原産で、学名は *Camellia sasanqua* と日本語が使われている。ツバキに似るが、ツバキは花びらが根元でくっついて花ごと散るのに、サザンカは花びらが1枚ずつ散ることで見分けられる。花の少ない10～12月に相当長い間花をつける点はカンツバキと似ているが、サザンカは高木であるのに、カンツバキは低木という違いがある。サザンカの花は香りがよいため、香りに敏感な茶畑の近くに植えられることがあるとか。

11/8　サンシュユ　山茱萸　　　　　　　　　　ミズキ科

　中国名の「山茱萸」からこの名があり、3～4月に黄色の小花が集まって咲くので牧野富太郎は春黄金花(はるこがねばな)と命名した。秋には真っ赤な実をつけアキサンゴともいう。宮崎県椎葉村の有名な民謡『ひえつき節』は辛い労働歌ではなく、意外にもロマンチックな逢引の歌。この歌で「逢引の合図に鈴を鳴らし」た木を民謡協会は「山椒」としているが、枝ぶり、花、実からサンシュユと思いたい。実を使った「山茱萸酒」は老化防止に効果があるという。この頃椎葉村では「平家まつり」が行われる。

11/9　ナナカマド　七竈　　　　　　　　　　バラ科

　おもに建築に注目したとき、西洋の「石の文化」に対し日本は「木の文化」という。その木材の最弱点は燃えやすいこと。大戦の苦い経験から、戦後は建築や都市の「不燃化」を推進したが、燃えない木がたくさんあったら日本の街もだいぶ様相が違っていたかもしれない。ナナカマドは七度竈(かまど)に入れても燃えないほど燃えにくいことから名づけられたといい、「火事除け」の木として庭木にされる。秋には燃えるような赤に紅葉する。11月9日は昭和62（1987）年に消防庁が決めた「119番の日」。

11/10 ロビラキ　炉開き

ツバキ科

　ユキツバキとチャノキの自然交配によってできた雑種で、花と葉はユキツバキに似て、葉茎にはチャノキのようにカフェインを含む。ユキツバキとチャノキの両方の特徴が出て、花は春と秋に咲く。秋咲きのチャノキは雪が多い地域では開花が遅れ雪に埋もれたまま冬を越して春に咲くことがあり、春咲きのユキツバキと偶然交配したのではないかという。茶道では旧暦の10月の亥の日（11月中旬頃）に「炉開き」が行われるが、ちょうどこの頃に花が咲くことから名づけられたという。

11/11 ニシキギ　錦木

ニシキギ科

　昔から、木々の紅葉をたとえて「錦織」といわれるが、この木は、その紅葉が錦織のように美しいことからニシキギと名づけられた。日本全国に分布する落葉低木で、枝は古くなるとコルク質の翼が発達するのが特徴である。その昔、東北地方では思いを寄せる人に燃えるような胸のうちを伝えるため、ニシキギを相手の家の前においてプロポーズをしたという。一年で一度、同じ数字のペアが重なることから、11月11日は「恋人たちの日」とされている。

11/12 ムベ　郁子

アケビ科

　アケビと同じ科のつる性樹木であるが、アケビが落葉性で、果実は熟すと開くのに対して、ムベは常緑性で、果実は熟しても開かない。果実はアケビと同じように食べられ、昔は朝廷へ献上されていたという。また、「オオナベ」と呼ばれていたのがウベ、ムベと転訛したという。常緑であることから「トキワアケビ」という別名がある。小葉は3〜5枚だが、成木になると7枚のものもあらわれて7・5・3となり、めでたいということで「長命樹」と呼ばれることも。七五三の宮参りも近い。

11/13 ウルシ　漆

ウルシ科

　chinaといえば陶磁器を意味し、japanといえば漆器を意味するように、日本の漆器は高度な技術による最高級品。その塗り物に使われるのがウルシの樹液であり、広くわが国に分布する落葉高木で、秋には真っ赤に紅葉する。ただ、木に触るとかぶれることがあるので注意したい。樹液は漆の原料に、実はハゼと同じように蠟の原料になる。平安時代、惟喬親王が漆の製法を菩薩から伝授された日が11月13日と伝えられ、この日は「ウルシの日」とされた。

11/14　カボス　　　　　　　　　　　　　　　ミカン科

　徳島県特産のスダチと並んで独特な香味料となるカンキツ類である。300年ほど前に大分県の臼杵や竹田に持ち込まれ、庭先栽培されたのがはじまりといわれ、「一村一品運動」で今や大分県の特産品となっている。クエン酸やビタミンCを含んでいるが、やはり、秋の味覚である秋刀魚(んま)の塩焼きには欠かせない。明治4（1871）年11月14日に廃藩置県により大分県が発足したことから、この日が「大分県の日」とされている。

11/15　コブクザクラ　子福桜　　　　　　　バラ科

　春以外に咲くサクラには、ジュウガツザクラ（十月桜）やフユザクラ（冬桜）などがあるが、コブクザクラも10月から11月に咲く。ひとつの花に実がたくさんなることから「子福桜」と名づけられたいう。子供の幸福を願う気持ちは世界共通であるが、わが国には「七五三」という行事があり、11月15日前後には、晴着を着た親子連れがお宮参りをする風景がよく見られる。

11/16 イロハモミジ　いろは紅葉　　　カエデ科

小石川植物園

　「もみじ」という言葉は、もともと葉の色が赤や黄色に色づくことをいい、万葉時代は「黄葉」をあて、「紅葉」という字をあてたのは平安時代以降だという。そこには美意識の変化があったとされるが、やはり日本の場合は「紅葉」がふさわしい。秋に木々の葉が色づくのは日本だけではないが、カエデなど紅葉する木の種類が多く、色づきかたも多様なのが日本の特徴。その代表がイロハモミジで、7つに裂けた葉を「いろはにほへと」と数えたことから名づけられたという。

11/17 ブドウ 葡萄　　　　　ブドウ科

　世界で最も生産量の多い果物はブドウで、その70％はワインの原料となる。酒の神ヴァッカスからブドウ酒の造り方を教わったノアは自ら製造したワインを飲んで最初の酔っぱらいになったという伝説がある。日本では平安時代末に甲州ブドウが見出されて、ブドウの栽培がはじまった。この甲州ブドウは中国から入った種が発芽したのだといわれ、ここから山梨はブドウの山地となった。ちなみに、ブドウ棚は日本で考案されたものである。ボジョレーヌボーの解禁は11月の第3木曜日。

11/18 ミッキーマウスノキ　　　　　オクナ科

　この木は、果実の頃の様子がミッキーマウスに似ていることから「ミッキーマウス・ツリー（Mickey-Mouse tree）」と命名されたという。そういわれるとなんとなくそうかなと思える。ディズニーの人気者ミッキーの誕生日は1928年11月18日公開のアニメ『蒸気船ウィリー』だというが、その原型はレッドデーターブックで絶滅危惧種Ⅱ種に指定されている「カヤネズミ」といわれている。ミッキーマウスノキは南アフリカ原産で、黄色い花が咲き、実が熟する頃にがくが赤くなる。

11/19 ウメモドキ　梅擬　　　　　　　　　　モチノキ科

　落葉低木で、葉がウメに似ていることから名づけられたというが、むしろ、ジャパニーズ・ウィンターベリー（Japanese winterberry）といわれる珊瑚のような赤い実が、秋から冬に熟しているのを見ると、「この実のほうが小粒の梅干しに似ている」と思う。ヒヨドリがよく実を食べにくるが、実には発芽抑制物質があり鳥のお腹を通ることでやっと発芽できるという。「梅の木に見せびらかすや梅もどき」と詠んだ小林一茶は文政10（1827）年11月19日に亡くなった。この日は「一茶忌」。

11/20 ヤマナシ　山梨　　　　　　　　　　バラ科

　ヤマナシは日本原産で栽培ナシの原種。春には地味な白い花をつけ、秋には4～5cmの甘い香りを放つ実をつけるが味はよくない。日本ナシには果肉に石細胞があり、かじるとサクサクする。山梨県の名は山を成らしたからとか、平らな地形だからとかあるようだが、927年に甲斐の国からナシが朝廷に献上されたという史実もあり、ヤマナシが多くあったからという説を支持したい。明治4（1871）年11月20日に甲府県から山梨県に改称されたことから、この日は「山梨県民の日」。

11/21 ヒイラギモクセイ　柊木犀　　　　モクセイ科

　ヒイラギモクセイは、秋が深まって肌寒くなった頃、とても地味で小さな白い花をつけ、ほのかにいいにおいを漂わせてくれる。葉のふちに鋭い刺(とげ)があり、その刺のせいで近寄りがたいこともあってよく生垣として植えられる。ヒイラギとギンモクセイの雑種と聞くとなるほど、両親の特徴が表れていると思う。11月21日は、「いい(11)におい(21)」と語呂合せから「いいにおいの日」。

11/22 アズサ　梓　　　　カバノキ科

　中国の春秋時代の宋に韓憑という男があり、妻を暴君康王に奪われ自殺をする。妻も夫と同じ墓に葬ってほしいという遺書を残し後を追うが、康王はあえて塚を向かい合わせに分けた。後に二つの塚からアズサの木が生え、根も幹もたがいに絡み合い、そこに一番(ひとつがい)のオシドリが巣をつくった。誰いうとなく韓憑夫婦の生まれ変わり「鴛鴦の契(えんおう)」だと、そして「オシドリ夫婦」という言葉ができたという。このアズサの木は「相思樹」とも呼ばれている。11月22日は語呂合せから「いい夫婦の日」。

11/23 ヒサカキ　柃　野茶　　　　ツバキ科

　11月23日は「勤労感謝の日」であるが、これは戦前まで「新嘗祭」といった。つまり稲の収穫を祝う日で、これが引き継がれて祝日となっている。今でも、伊勢神宮では新嘗祭がこの日に執り行われる。こうした神事に欠かせないのがサカキであるが、東日本ではヒサカキが代用されているという。両方ともツバキ科でよく似ているが、サカキの葉は縁が丸いのに対して、ヒサカキは縁に小さなぎざぎざがある。

11/24 カナリーヤシ　カナリー椰子　　　　ヤシ科

　鳥のカナリアと同じく北大西洋のカナリア諸島原産地で、学名を *Phoenix canariensis* といい、一般にはフェニックスと呼ばれている。耐寒性にすぐれていて世界各地の温暖なところに植えられている。学名の *Phoenix* はナツメヤシを指すギリシア語に由来するが、エジプトの神話では「不死鳥」を意味する。宮崎県の県木に指定されていて、フェニックスの街路樹が有名。その南国情緒にあふれた宮崎では、11月下旬、高額賞金で世界的にも有名なゴルフ・トーナメントが開催される。

11/25 ツバキ「熊谷」 椿　　　　ツバキ科

　「日本一の剛の者」と誉れも高い熊谷直実が平家の若武者・平敦盛を討ち取ったのは、寿永3（1184）年の一の谷の合戦であった。これは『平家物語』や謡曲の題材とされた有名な史実であるが、植物の世界にも取り入れられ、ラン科の「敦盛草」と「熊谷草」に名をとどめている。直実はわが子と同じぐらいの敦盛の首をはねざるを得なかった武士の業に無常を感じ、建久3（1192）年11月25日に出家する。ツバキの品種「熊谷」は直実の哀情を漂わせるかのように少し下向きに花をつける。

11/26 モンゴリナラ モンゴリ楢　　　　ブナ科

　モンゴリナラは東海地方のやせた丘陵地に自生するが、日本列島が大陸と地続きだった頃に大陸から分布が拡大し、160万年前頃に隔離されたという説と、日本で生まれた雑種であるという説がある。モンゴロイドのひとりとして、親近感を覚える。モンゴリナラのことをモンゴル国立大学の研究者に話したところ、是非にと苗木を所望され、2004年9月に贈った3鉢は、かの地の大学の構内に植えられた。11月26日は、モンゴルの建国記念日。

11/27　シキザクラ　四季桜　　　　　　　　　バラ科

　愛知県の旧小原村では紅葉の頃、シキザクラを楽しむ大勢の人でにぎわう。4月と10～12月の2回小ぶりの白い花を咲かせるが、秋の開花時期が長く「四季桜」と名づけられた。山の紅葉と重なると、そのコントラストがいっそう鮮やかになり見応えがある。江戸時代、漢方医が村民の心を和ませようと植えたのがはじまりで、今では6000本を超え、やがて村中がシキザクラで包まれるかもしれない。その中の最も古い木が、昭和59（1984）年11月27日に県天然記念物に指定された。

11/28　アセロラ　　　　　　　　　　　　　　キントラノオ科

　熱帯アメリカに分布する常緑低木で、花はサルスベリに似て、大ぶりのサクランボといった感じの実をつける。酸味のある赤い実は果物中で最もビタミンCが豊富で、レモンの約30倍含まれるという。最近は沖縄県でも生産されている。ビタミンCは風邪やガンなどの予防に有効であることを明らかにしたライナス・ポーリング博士はノーベル賞を2回受賞したただひとりの人物だが、1994年11月28日に亡くなった。木枯しが吹き風邪が流行り出す候、ビタミンCを十分にとっておきたい。

11/29 センダン 楝

センダン科

『枕草子』に5月5日に必ず花を咲かせるのでおもしろいとある「楝(あふち)」はセンダンのことで、花はやや地味な薄紫色。秋には卵形の実をたくさんつけ、落葉するとさらに実が際立つ。その様子が大津市円城寺などで行われる千団子(せんだんご)祭りに供えられる千団子に似ているとして名づけられたという。冬には鳥たちの格好の餌になる。子供の頃、センダンの実を仕掛け罠に置いて何度も試みたが、鳥は一度も獲れなかった。ちなみに、「栴檀(せんだん)は双葉より芳(かんば)し」のセンダンはビャクダン科の樹木である。

11/30 ツタ 蔦

ブドウ科

巻きひげにある吸盤で外壁や樹木などを「伝わる」ように茂ることから名づけられたという。ペギー葉山の歌う『学生時代』のツタは「アイビー」というのがふさわしいが、唱歌『紅葉(もみじ)』のツタは日本的なイメージがある。秋にはブドウに似た実をつける。『紅葉』に歌われているようにこの葉の紅葉はまた格別。落葉は季節の移り変わりと一抹の寂しさを伝えるが、作家オー・ヘンリーの『最後の一葉』は、それをモチーフに使った名作である。11月も終わる候、木々も冬支度である。

12月

December

師走

12/1 ゴヨウツツジ　五葉躑躅　　ツツジ科

　皇族はそれぞれ「お印」を持っていらっしゃる。多くは花などの植物とされているが、皇族に限らず家族や個人としてシンボル的な花や木を持つのもいいのではないか。ゴヨウツツジは皇太子ご夫妻の長子・愛子さまのお印である。那須の御用邸付近で木々が芽生える頃、清らかな感じの白い花を咲かせる。この花をご夫妻がお好きで、お印にされたという。枝先に5枚の葉がつくことから名づけられた。別名シロヤシオ（白八汐）とも呼ばれている。愛子さまは2001年12月1日のお生まれ。

12/2 フユザクラ　冬桜　　バラ科

　植物学者本田正次氏は群馬県三波川村（現在は藤岡市）で12月に咲くフユザクラをはじめて見出した。そのせいか旧三波川村の村議会は12月初旬にはこの花の下で開かれていたという。ヤマザクラとマメザクラの交配から生れたそうだが、春と冬の年2回、一重の花をつける。寒さの中で咲く冬の花は地味な感じだが、紅葉と重なって味わい深い。最近では、冬の公園で桜の花を見つけ、これも暖冬のせいかなと勘違いをする人もいるのではなかろうか。

12/3 ウンシュウミカン 温州蜜柑 ミカン科

　七十二候では「橘 始 黄（たちばなはじめてきばむ）」とあるようにカンキツ類のおいしい季節である。12月3日は「みかんの日」となっている。冬に出まわるミカンは有田、静岡などの有名産地があるが、これらはいわゆる種なしのウンシュウミカンである。中国から来たカンキツ類が鹿児島で突然変異により種なしの甘いミカンになったという。昭和11（1936）年に鹿児島県出水市で岡田康雄が発見した。名前の由来は中国の温州にあるが、日本でできたミカンである。

12/4 アロエ リュウゼツラン科

　アロエの仲間には多年草、低木、高木状のものがあるが、写真の種は学名 *Aloe arborescens*（「木本状のアロエ」の意味）で木本状である。別名「医者いらず」と呼ばれ、いろいろな薬効があるが、なかでも火傷には効果がある。昭和21（1946）年にビキニ環礁の水爆実験で第五福竜丸が被爆した折、アメリカはアロエをその治療のために送ってきたという。映画『赤ひげ』の舞台になった小石川養生所は享保7（1722）年12月4日に設置され、現在は日本を代表する植物園になっている。

12/5　フユサンゴ　冬珊瑚　　　　　　　　　　ナス科

　常緑低木で、5～10月まで地味な白い小さな花をつけ、その後、丸い実をたくさんつける。その実が最初は緑色でだんだんオレンジ色から真っ赤に変わっていくため、いろいろな色が同居し、目を楽しませてくれる。冬にたくさんつくホオズキのような実を珊瑚にたとえて名づけられた。実は有毒で食べられないが、深い緑の葉にかわいらしい赤などの実がいつまでもついていて、好もしい。ブラジル原産で、明治中頃日本に入ってきたという。地植えすると人の背丈ほどにもなるという。

12/6　マンサク　満作　万作　　　　　　　　　マンサク科

　1995年12月6日に世界遺産に指定された白川郷は合掌造りの民家で名高い。木造茅葺きの大きいものでは4、5階建てだが、骨組には金属の釘を使わず、ワラ縄やネソと呼ばれるマンサクの細い枝を使って縛るという。雪深い飛騨の地で養蚕を生業の中心にすえた生活の知恵が生かされている。歴史的な集落の保存にはむずかしい問題もあるだろうが、是非後生に引き継いでもらいたいものだ。マンサクの名前の由来は「豊年満作」とか、春に「まず咲く」からなどといわれる。

12/7 カンボケ 寒木瓜　　　バラ科

　中国原産のボケはふつう、春先から花を咲かせるが、それに対して寒季に花を咲かせるものがあり、これをカンボケと呼んでいる。「器量よけれどわしゃボケの花、神や仏に嫌われる」といわれるが、鋭い刺があるせいか、きれいな花にもかかわらず、供花には使われない。庭木として植えられることが多く、寒い季節、散歩の道すがら、凛とした花に出会えるのも楽しい。12月7日頃は「大雪」、七十二候では「閉塞成冬」、この頃から冬も本番。

12/8 ヤツデ 八つ手　　　ウコギ科

　ヤツデは日陰を好むわが国の固有種。地味だが、葉が大きく掌状に裂けるのが特徴。裂けている数は7〜11でなかでも7または9が多いが、数が多いことから「八つ手」となったという。別名「天狗羽団扇」と呼ばれるように、その大きさは超自然的ですらある。天狗といえば、嵐寛寿郎主演、美空ひばりが杉作役で出ていた映画『鞍馬天狗』を思い出す。白黒時代劇の大スターだった嵐寛寿郎は明治36（1903）年12月8日の誕生。ヤツデは冬に白い球状の花をつけ、とたんに存在感が増してくる。

12/9　ブナ　　山毛欅　橅　　　　　　　　　　　　　　　　　ブナ科

　日本の山を自然のままに放置しておくと、暖かい西日本はカシやシイなどの照葉樹林に、寒い東日本はタブやブナなどの落葉樹林になるという。こうした林を「極相林」という。そこは生態系としても最も安定していて、いろいろな動植物が共生している。さまざまなものを優しく包みこむブナは「森の女王」とも呼ばれ、日本の自然のシンボルでもある。白神山地はブナの自然林として1993年12月9日に世界自然遺産に指定された。

12/10　ブラシノキ　　　　　　　　　　　　　　　　　　　　フトモモ科

　この木の花からは、誰しも試験管ブラシのような筒状のブラシを想像するらしく、英名はボトル・ブラシ（Bottle-brush）、そこからブラシノキと呼ばれる。花の色も独特だが、実もユニークで、虫の卵かカイガラムシのように枝に直接つき、しかも数年ついたまま、山火事が起こるといっせいに発芽するという。さすがユニークな動植物の宝庫オーストラリア原産。毎年12月10日は、1896年のこの日に亡くなったスウェーデンの化学者ノーベルを記念し、ノーベル賞の授与式が行われる。

12/11 チェリー・セージ　　　　　　シソ科

　1997年1月11日に採択された京都議定書は地球温暖化防止に向けての国際的枠組みのスタートになった。今やバイオ技術を活用して大気浄化・二酸化炭素吸収効果の高い植物の開発がなされているようだ。トヨタ自動車は、花期が5〜11月と長く大気浄化能力のすぐれた常緑低木「チェリー・セージ」の新種開発に成功した。今のところ地球の吸収能力の2倍の二酸化炭素を排出している現実に立ち尽くすしかない思いだが、こうした地道な努力を積み重ねるしかないだろう。

12/12 ノイバラ　野茨　　　　　　バラ科

　学名は*Rosa multiflora*(「多花性のバラ」の意味)で、日本各地に自生し、小ぶりの白い花を咲かせる。木には刺(とげ)があるが、花が多く、耐寒性にすぐれているためバラの台木に使われ、品種改良に貢献しているという。シューベルトやウェルナーが作曲したゲーテの詩『野ばら』も西欧のノイバラであるが、花はピンク色とのこと。12月12日は、12本のバラを恋人に贈る「ダズンローズ・デー」が提唱されているそうだが、たまにはこの日にかこつけて奥様にバラの花を贈るのはいかがだろう。

12/13　ウラクツバキ　　有楽椿　　　　　　　　ツバキ科

　織田信長の弟長益は、信長、秀吉、家康の三傑に仕えた武将でありながら、利休七哲の一人といわれた茶人で、雅名を有楽斎と称した。元和7（1621）年12月13日に没したが、その遺愛のツバキが「ウラク」あるいは「ウラクツバキ」と名づけられている。形はワビスケ（侘助）に似て、薄紅色の一重ラッパ咲きの花で、なかなか品がいい。関東では一般的に「太郎冠者（たろうかじゃ）」と呼ばれている。また、江戸には有楽町や数寄屋橋など、有楽斎にゆかりのある地名があるのもおもしろい。

12/14　エンジュ　　槐　槐樹　　　　　　　　マメ科

　臨月にもかかわらず新羅などに遠征した神功皇后は、帰国後の200年12月14日に福岡県宇美町でエンジュの枝をにぎって応神天皇を出産したという。宇美八幡宮のエンジュの木は今も「子安の木」として信仰を集めている。エンジュは中国原産の落葉高木で、中国では高い官位に就くと庭にこの木を植える風習があり、縁起のいい木とされている。北京のエンジュ並木も有名で、木陰で太極拳などをする様子がよく紹介される。「槐」という漢字のイメージとは異なる健やかな木である。

12/15 イチゴノキ　苺の木　　　　　ツツジ科

アイルランド、南ヨーロッパ原産の常緑高木で、その実がヤマモモやイチゴに似ていることから「ストロベリー・ツリー（Strawberry tree）」と呼ばれている。実がイチゴのように赤くなるのは12月頃だが、ときとしてドウダンツツジのような花を赤い実と同時期に咲かせることもある。毎月15日は「イチゴの日」。

12/16 コウゾ 楮

クワ科

　別名「紙の木」と呼ばれ、『日本書紀』によると610年に製紙技術とともに大陸から持ち込まれたという。繊維も取り出しやすく良質の紙ができるが、カジノキとヒメコウゾからつくられたコウゾは栽培可能で、和紙の原料としては日本でいちばん多く使われている。クワ科の落葉低木で、花は淡い赤紫色、果実はイチゴに似ていてジャムや果実酒になるという。明治8(1875)年12月16日、渋沢栄一が大蔵省紙幣寮から製紙会社を独立させたことから、この日は「紙の日」。

12/17 バルサ

キワタ科

　1903年12月17日、自転車屋を経営していたライト兄弟が人類史上はじめて「フライヤー1号」で空を飛んだことから、この日は「飛行機の日」。子供の頃、模型飛行機をつくって遊んだ思い出をもっている人は多いのではないだろうか。そうした模型に使われる材料が、バルサという木材で、なんと比重が0.17程度と、木材の中で最も軽い。ちなみに、最も重い木材は、リグナムバイタ(lignum-vitae、ユソウボクという名がある)でその比重は1.24という。

12/18 ニオイヒバ　匂檜葉

ヒノキ科

最近のガーデニング・ブームで針葉樹を中心にしたコニファー・ガーデンになくてはならないのが、ニオイヒバである。北アメリカ原産で、樹高は低く樹形も整っていて、寒さや暑さに強く病虫害にも強い、と栽培にはぴったりで、日本でもガーデニングに使われている。葉は扁平で、コノテガシワに似ているが、手でもむとパイナップルのような芳香を放つ。ここからニオイヒバと名づけられた。12月18日は、「いい(1)におい(2)のヒ(1)バ(8)」と語呂合せ。

12/19 キリ　桐

ゴマノハグサ科

「桐一葉落ちて天下の秋を知る」は、坪内逍遙の戯曲『桐一葉』の中で豊臣秀吉の家臣片桐且元が豊臣家存続の願い破れ大阪城を後にするときの心境を歌ったもの。昔は、女の子が生まれるとキリを植え、嫁入りの際に箪笥を作ったという。花は紫で高貴な感じがあり、家紋に多く使われる。秀吉は天正14(1586)年12月19日に後陽成天皇から豊臣の姓を賜り、「五七の桐」を家紋とした。そして、慶長19(1614)年12月19日、大阪冬の陣に敗れて豊臣家は滅亡の途をたどる。

12/20　ブンタン　文旦　　　　　　　　　　　　　　ミカン科

　17世紀末頃、難破して鹿児島県西部に漂着した中国船の船長謝文旦から種をもらい、生えたのがブンタンだという。学名が *Citrus maxima*（「最も大きなレモン」の意味）とあるように、カンキツ類では最大の実がなる。果肉は少し硬くシャキシャキとした食感があり、皮を砂糖漬けにしたりする。鹿児島の特産である「ボンタン飴」もここからきている。スペイン語やポルトガル語の「zamboa」からザボンとも呼ばれ、『長崎のザボン売り』という歌もある。年末頃から収穫がはじまる。

12/21　コノテガシワ　児手柏　側柏　　　　　　　　ヒノキ科

　ヒノキ科の針葉樹で、葉が縦方向につく特徴があり、これが子供の手のひらを連想させることから名づけられたという。「柏」は中国ではヒノキやサワラなどの針葉樹を意味している。『万葉集』に「奈良山の児の手柏の両面（ふたおも）に左にも右にも佞人（ねじけびと）の徒（とも）」とあるが、このユニークな葉の裏表が判りずらいということを引いている。中国から1740年頃日本に入ったというが、『万葉集』に歌われていることとの関係はどうなのかという疑問もある。12月21日は、左右対称の日付のひとつである。

12/22 ユズ 柚 柚子 ミカン科

　一年中で最も昼の時間が短い冬至には、カボチャを食べ、柚子湯を使う慣わしが日本各地にある。この時期ビタミンC豊富なユズが最盛期。柚子湯はお湯にユズの精油分が溶け出し疲労回復、神経痛などにもよいとされている。「桃栗三年柿八年」という諺があるが、この続きがいろいろあって、そのひとつに「柚の大馬鹿十八年」とあり、それほど実がなるまでに長時間かかるという。皮も香りがよく、繊細な日本食あるいは和菓子の香味料に重宝されている。

12/23 ポインセチア トウダイグサ科

　英名でクリスマス・フラワーと呼ばれ、燃えるような赤い葉がクリスマス気分を盛り上げてくれる。アメリカの初代駐メキシコ大使だったポインセット氏がアメリカに持ち帰ったことから名づけられたのだそうだが、アメリカでUSライセンスドで植物特許を取得しているという。花は花弁もなく地味ながら、花の下につく苞が葉に似て、しかも真っ赤にきれいに色づく。最近は赤ばかりではないが、もともとの燃えるような赤色を猩々緋ということから「猩々木」とも呼ばれる。

12/24 ヤドリギ　寄生木　宿り木　　　ヤドリギ科

　ヤドリギは冬でも緑の葉や赤い実をつけ、冬の長い北欧やイギリスでは生命力あふれる植物と考えられたようで、クリスマスの飾りに使われる。イギリスではヤドリギの飾りの下にいる人はキスを断ってはいけないというロマンチックな風習があるそうだ。鳥がヤドリギの実を食べてから他の木に移り排泄すると、種のまわりが納豆のようにネバネバしているので下に落ちずに幹に絡みつき、それにより幹の中に根を張って高木に寄生するという。なかなかのメカニズムである。

12/25 セイヨウヒイラギ　西洋柊　　　モチノキ科

　ヨーロッパなどに分布する常緑高木で、葉の縁がとがりヒイラギに似ていることから名づけられた。ヒイラギと同じく魔除けに使われ、冬には実が真っ赤に熟し、クリスマス・フラワーとしても馴染み深い。ホリーと呼ばれるのは「聖なる」という意味のholyではなく、モチノキをさすhollyからきていて、ヒイラギモチとも呼ばれ、モクセイ科のヒイラギとは異なる。しかし、ヒイラギと同じように、老木になると葉の刺がなくなり丸くなるのは、人間と通じるようで、おもしろい。

12/26 セイヨウサンザシ　西洋山査子　　バラ科

　セイヨウサンザシは、5月頃に白い花を咲かせることからイギリスではメイ・フラワー（May flower）とも呼ばれている。キリストが処刑のときにつけられたイバラの冠（荊冠）がこの木の枝でできていたという。このセイヨウサンザシを船尾に描いた「メイフラワー号」は1620年9月16日に、新天地を求める清教徒を乗せてイギリスのプリマスを出港し、同年12月26日、アメリカ・マサチューセッツ州に到着した。

12/27 ムクロジ　無患子　　ムクロジ科

　この木の学名 *Sapindus mukurossi* には「インドの石鹸ムクロジ」という意味があるといい、英名でもソープナッツ・ツリー（Soapnut-tree）という。秋にはギンナンほどの実がなり、この皮をこすり合わせるとサポニンによって泡が出て石鹸になるという。石鹸のなかった時代には大事だったそうだ。また、この種は正月の羽根突きの追羽根に使われる。この頃になると、東くめ作詞・滝廉太郎作曲の『お正月』の歌を耳にするようになり、正月が待ちどおしい時期である。

12/28 啓翁桜 バラ科

　昭和5（1930）年に久留米市の吉永啓太郎によって、シナオウトウ（支那桜桃）を台木にしヒガンザクラ（彼岸桜）を接ぎ木して作られたことから、同氏に敬意を表して「啓翁桜（けいおうざくら）」と名づけられた。一定期間低温にさらしてから温室で温度管理をすることにより冬に花を咲かせるという。産地としては山形県東根市が有名で、正月に飾れるサクラとして年末に出荷されるという。

12/29 センリョウ 千両 センリョウ科

　年の瀬もいよいよ迫り、正月の準備に忙しい時期である。みずみずしい緑の葉と鮮やかな赤あるいは黄色の実をつけるセンリョウは、正月の花としてふさわしい木のひとつである。よく似た木にマンリョウ（万両）があり、センリョウが葉の上に実をつけるのに対して、マンリョウは葉の下に実をつける。この区別に迷っていたところ「マンリョウ（万両）はセンリョウ（千両）より重たいので実が下になる」と友人に覚え方を教えてもらった。

12/30 ウラジロ　裏白

ウラジロ科

　正月の注連飾りや餅飾りでお馴染みのウラジロは、日本原産のシダである。大きく二つに枝が分かれ、その真ん中から枝が出て、さらに二つに小枝が分かれ、また、その小枝に対になった葉が出るという具合にどんどん広がっていく。葉の裏側が蠟質でおおわれて白くなっていることからウラジロという名前がある。毎年、対の葉が出て生長し、幾代もの葉が同じ株にあること、また、白い葉からは「ともに白髪が生えるまで」を連想させることなどから正月の縁起物となっている。

12/31 ユズリハ　譲葉

ユズリハ科

　新しい芽が出てから旧い葉が次々に落ちるという性質のあるこの木は、親から子への円満な世代交代を意味するとして正月の注連縄や鏡餅の飾りなどの縁起物に使われる。また、冬には葉の付け根の葉柄が赤くなり葉の裏は白くなることから、鶴に見立てられ注連縄に使われるという。葉の裏が見えるように飾るほうがいい。旧い世代から新しい世代へ、旧い年から新しい年へ、ユズリハのように円満に引き継ぎたいものである。

あとがき

　この本は、私が、折にふれて目にする樹木に興味を抱き、1年366日、それぞれの日にゆかりの人や逸話、歴史的な出来事などを調べ、それらの話題にふさわしい樹木を探し、当てはめたものです。日本人に縁が深いなどの理由から、敢えて樹木以外のものを当てているところもあります。

　植物の専門家でもなく、ただ木が好きというだけで、数え切れないほどある樹木のなかから366種類を選び出すのは、正直なところ不安でしたが、私自身の言葉でまとめたつもりです。したがって、学問的にはいろいろ異論が出てくるのかも知れません。また、思い込みによる誤りがあるかも知れません。読者のみなさまのご指摘・ご教示をお願いしたいと思います。

　掲載している写真は私自身が撮ったものがほとんどですが、いろいろな方のご協力をいただきました。本文ではゆとりがないため、巻末に、「写真提供・取材協力一覧」としてお名前を掲げさせていただき、謝意を表しました。また、参考にした書籍やインターネットのURLは、「参考文献一覧」に明記させていただきました。感謝申し上げます。

　装丁・中扉には、中学時代の恩師・田中賢先生が作品を提供してくださり、たいへん有難く思っています。さらに、出版にあたって激励、ご支援をいただいた亀田達夫氏、鈴木隆正氏、そして八坂書房の八坂立人社長、中居惠子さんに感謝します。特に、中居さんには内容についても貴重なご指摘をいただきました。

　そして、妻・けい子は週末ごとに写真撮影のため同行したり、校正を手伝ったりと、いつも傍らで応援してくれました。感謝するとともに、この本を出版できたことを共に喜びたいと思います。

参考文献一覧

青木　玉『こぼれ種』新潮社、2000年
朝日新聞日曜版「世界花の旅」取材班著『世界花の旅 1～3』朝日新聞社、1990～1991年
足田輝一『植物ことわざ事典』東京堂出版、1995年
井上　靖『あすなろ物語』新潮文庫、2005年
岩槻邦男・下園文男『滅びゆく植物を救う科学－ムニンノボタンを小笠原に復元する試み』研成社、1989年
上村　武『木と日本人－木の系譜と生かし方』学芸出版社、2001年
宇都宮貞子『科の木帖』文京書房、1990年
大嶋敏昭監修『葉形・花色でひける木の名前がわかる事典』成美堂出版、2002年
大場秀章監修、緑と花の研究会著『知って得する花の名前・木の名前』青春出版社、2000年
大場秀章『花の男シーボルト』文春文庫、2001年
大場秀章『植物の雑学事典』日本実業出版社、2001年
沖ななも『樹木巡礼－木々に癒される心』北冬舎、1997年
上村　登『花と恋して－牧野富太郎伝』高知新聞社、1999年
川端康成『古都』新潮文庫、2001年
北村四郎・村田源共著『原色日本植物図鑑木本編 Ⅰ・Ⅱ』保育社、1971・1979年
国木田独歩『武蔵野』岩波文庫、2006年
栗田　勇『花を旅する』岩波新書、2001年
幸田　文『木』新潮文庫、1995年
小堀杏奴『晩年の父』岩波文庫、1981年
西行、佐佐木信綱校訂『山家集 新訂版』岩波文庫、1957年
佐佐木信綱編『新訂新訓万葉集 上・下』岩波文庫、1954・55年
佐野藤右衛門『桜花抄』誠文堂新光社、1970年
サン・テグジュペリ作、内藤濯訳『星の王子さま』岩波書店、1971年
P. F. B. フォン・シーボルト著、大場秀章監修・解説、瀬倉正克訳『シーボルト 日本の植物』八坂書房、1996年
清少納言、石田穣二訳注『新版 枕草子－付現代語訳』角川文庫、1979年
『石原裕次郎－日本人が最も愛した男 17回忌追悼特別出版』主婦と生活社、2003年
高木誠監修、夏梅陸夫写真『誕生花366の花言葉－日々を彩る幸せのダイアリー』大

泉書店、1999年

高橋　治『木々百花撰』朝日文庫、1994年

竹村俊則『京の名花・名木』淡交社、1996年

地域日本一研究会編『全国市町村なんでも日本一事典』第一法規出版、1987年

辻井達一『日本の樹木－都市化社会の生態誌』中公新書、1995年

富田忠雄『わたしのラベンダー物語』新潮文庫、2002年

中川藤一『木編百樹』

中村儀朋『さくら道－太平洋と日本海を桜で結ぼう』風媒社、1994年

西　良祐『花を贈る事典366日』講談社、1993年

埓田宏監修、日本森林技術協会編『森の花を楽しむ101のヒント』東京書籍、2005年

日本林業技術協会編『森の木の100不思議』東京書籍、1996年

俳句αあるふぁ編集部編『花の歳時記三百六十五日』毎日新聞社、1996年

菱山忠三郎『花木ウォッチング100』講談社、1998年

平野茂樹、巨樹・巨木を考える会著『森の巨人たち・巨木100選』講談社、2001年

R．フォーチュン著、三宅馨訳『幕末日本探訪記－江戸と北京』講談社学術文庫、1997年

深津正・小林義雄『木の名の由来』東書選書、1993年

E．ブロンテ著、田中西二郎訳『嵐が丘』岩波文庫、2004年

堀　和久『織田有楽斎』講談社文庫、1997年

堀内敬三・井上武士編『日本唱歌集』岩波書店、2000年

本田正次『植物学のおもしろさ』朝日選書、1988年

牧野和春『巨樹と日本人－異形の魅力を尋ねて』中公新書、1998年

毛藤勤治ほか『ユリノキという木－魅せられた樹の博物誌』アボック社出版局、1989年

八坂書房編『花ごよみ花だより』八坂書房、2003年

柳田國男『神樹編』(『定本　柳田國男集』) 筑摩書房、1976年

山田正篤『気になる木』(科学のとびら21) 東京化学同人、1994年

ジョン・ラッセル・ヤング著、宮永孝訳『グラント将軍日本訪問記』雄松堂書店、1983年

湯浅浩史『植物と行事－その由来を推理する』朝日選書、1993年

湯浅浩史『花の履歴書』講談社学術文庫、2001年

湯浅浩史文・矢野勇写真『花おりおり』、『　同　その2』、『　同　その3』、『　同　その4』、『　同　その5』朝日新聞社、2002～2006年

梅原猛ほか著、吉田繁写真『巨樹を見に行く』講談社カルチャーブック、1994年
読売新聞文化部著『唱歌・童謡ものがたり』岩波書店、1999年
渡辺弘之『樹木がはぐくんだ食文化』研成社、1996年
『週刊 花百科』講談社、2004年
『週刊 日本の樹木』学習研究社、2004〜2005年

「越前屋・生活暦」　http://www.echizenya.co.jp/life/life.html
「木の情報発信基地」http://www.wood.co.jp/
「季節の花300」　http://www.hana300.com/
「今日は何の日〜毎日が記念日〜」　http://www.nnh.to/
「日本記念日協会　今日の記念日」　http://www.kinenbi.gr.jp
「国連の会議および行事一覧」　http://www.unic.or.jp/schedule/futur.htm
「植物園へようこそ」　http://aoki2.si.gunma-u.ac.jp/BotanicalGarden/
　　　BotanicalGarden-F.html
「人と大地を結ぶ木」　http://www.naiad.co.jp/argan/tree.html
「アオダモ資源育成の会」http://www.student-baseball.or.jp/misc/aodamo.html

索　引

右の数字は頁を示し、斜体の数字は本文中に言及があることを示す。

ア　行

アーモンド　2月18日	34
アオキ　1月30日	22
アオギリ　2月1日	25
アオダモ　6月19日	109
アオモリトドマツ　1月23日	18
アカシア	*107*
アカマツ　10月15日	178
アカメヤナギ	*16*
アキグミ	*154*
アキサンゴ	*193*
アケビ　10月6日	173
アケビカズラ	*173*
曙杉（アケボノスギ）	*77*
アザレア　7月21日	127
アジサイ　7月17日	*102*, 124
アズサ　11月22日	200
アスナロ　1月29日	21
アズマシャクナゲ　4月21日	72
アセビ　2月24日	38
アセロラ　11月28日	203
アツバキミガヨラン	*141*
アベリア　9月17日	161
アボカド　8月31日	150
アマチャ　4月8日	65
アメリカシャクナゲ	*47*
アメリカジャスミン　5月18日	90
アメリカデイゴ	*142*
アメリカトガサワラ	*100*
アメリカネムノキ	*124*
アラビアゴムノキ	*157*
アルガンツリー　11月6日	192
アレカヤシ　8月30日	150
アロエ　12月4日	208
アンズ　4月5日	63
イエライシャン　2月12日	31
医者いらず	*208*
イタビカズラ　10月4日	172
イチイ　10月10日	175
イチゴノキ　12月15日	214
イチジク　8月19日	144
イチョウ　9月27日	167
イヌマキ	*27*
イロハモミジ　11月16日	197
イングリッシュ・ブルーム	*165*
インドゴムノキ	*157*
ウォレマイ・パイン	*155*
ウグイスカグラ　3月14日	49
ウグイスノキ	*47*
ウツギ　5月6日	83
ウノハナ	*83*
ウバメガシ　9月19日	162
ウメ（紅梅）　3月2日	43
ウメ（白梅）　2月25日	38
ウメモドキ　11月19日	199
ウラクツバキ　12月13日	213
ウラジロ　12月30日	222
ウラジロハコヤナギ	*160*
ウルシ　11月13日	195
ウンシュウミカン　12月3日	208
エゴノキ　5月12日	87
エゾマツ　7月30日	132
エドヒガン	*52*
エニシダ　9月24日	165
エノキ　8月10日	140
エリカ　2月7日	28
エンジュ　12月14日	213

エンゼル・トランペット	*177*	カワヤナギ 4月19日	71
オウバイ 2月4日	27	カンツバキ 1月21日	17, *192*
オーク 5月29日	95	カンノンチク 4月4日	63
オオシマザクラ 3月30日	58	カンヒザクラ 1月19日	16
オオシラビソ	*18*	カンフー・ツリー	*93*
オオデマリ	*73*	カンボケ 12月7日	210
オオヤマレンゲ 7月10日	121	カンボタン 1月14日	14
オガタマノキ 3月4日	44	キイチゴ 1月6日	10
乙女椿（オトメツバキ）3月15日	51	キウイ 9月11日	158
オリーブ 10月24日	183	キササゲ 9月23日	164
オレンジ 4月14日	68	キスミークイック	*52*
		北山杉（キタヤマスギ）1月27日	20
		キハダ 7月5日	119

カ 行

カイコウズ	*142*	キャラボク 9月12日	158
カイノキ 9月28日	167	キョウチクトウ 8月6日	138
カエデ 11月5日	191	ギョリュウバイ 2月6日	28
カカオ 2月14日	32	キリ 12月19日	216
カキ 10月26日	184	キリスト・ソーン	*52*
ガクアジサイ 6月6日	102	キンカン 1月28日	21
花月（カゲツ）	*19*	キンギンボク	*144*
カザグルマ 5月13日	87	キンシバイ 5月24日	93
カジノキ 5月11日	86	ギンドロ	*160*
ガジュマル 6月21日	110	キンモクセイ 10月3日	172
カシワ 5月5日	83	ギンモクセイ 10月2日	171
カツラ 5月15日	88	ギンヨウアカシア 1月26日	20
カナメモチ 4月10日	66	グーズベリー	*122*
カナリーヤシ 11月24日	201	クコ 10月19日	180
カネノナルキ 1月24日	19	クスノキ 5月25日	93
カボス 11月14日	196	クチナシ 6月4日	100
ガマズミ 9月14日	159	クヌギ 3月11日	48
カヤ 3月28日	56	クマザサ 2月20日	36
カラタチ 11月2日	190	グミ 9月3日	154
カラタチバナ	*9*	グラスツリー 1月7日	10
カラタネオガタマ	*138*	グラント玉蘭	*147*
カラマツ 8月4日	137	クリ 9月9日	157
カリン 1月9日	11, *179*	クルミ 9月30日	168
カルミア 3月10日	47	クレマチス	*87*
カロライナジャスミン 4月18日	70	クロカシ	*160*
河津桜（カワヅザクラ）2月10日	30	クロキ 9月6日	155
		クロベ 2月17日	34

クロモジ 1月15日 …………………	14
クワ 5月21日 …………………	91
啓翁桜（ケイオウザクラ）12月28日 ………………	221
ケショウヤナギ 4月27日 …………………	76
ゲッケイジュ 6月23日 …………………	111
ケヤキ 10月8日 …………………	174
ゲンカイツツジ 3月12日 …………………	48
ゲンペイクサギ 3月24日 …………………	54
コウスイボク …………………	*186*
コウゾ 12月16日 …………………	215
幸福の木（コウフクノキ）2月9日 …	29
コウバイ →ウメ（紅梅）	
コウヤマキ 5月3日 ……………*27, 82*
コゴメバナ …………………	*55*
コーヒーノキ 4月13日 …………………	68
コーラノキ 6月30日 …………………	114
コケモモ 2月23日 …………………	37
コショウノキ 8月29日 …………………	149
コデマリ 4月22日 …………………	73
コナラ 10月7日 …………………	174
コノテガシワ 12月21日 …………………	217
コバノトネリコ 6月19日 …………………	109
コブクザクラ 11月15日 …………………	196
コブシ 3月6日 …………………	45
ゴムノキ 9月10日 …………………	157
コムラサキ …………………	*182*
ゴヨウツツジ 12月1日 …………………	207
ゴヨウマツ 2月13日 …………………	31
コリヤナギ 8月1日 …………………	135
コルクガシ 7月18日 …………………	125

サ 行

サカキ 1月2日 …………………	8
サクラ 3月27日 …………………	56
桜島コミカン 1月12日 …………………	13
サクランボ 6月13日 …………………	106
ザクロ 6月20日 …………………	109
ササ 7月7日 …………………	120

サザンカ 11月7日 …………………*17*, 192
サトウカエデ 7月1日 …………………	117
サトザクラ 4月17日 …………………	70
サネカズラ 10月20日 …………………	181
ザボン …………………	*217*
サルイワツバキ …………………	*101*
サルスベリ 8月3日 …………………	136
サルトリイバラ 7月8日 …………………	120
サワラ 7月25日 …………………	129
山帰来（サンキライ）…………………	*120*
サンゴジュ 3月5日 …………………	45
サンコノマツ …………………	*168*
サンシュユ 11月8日 …………………	193
サンショウ 7月24日 …………………	128
シイノキ 10月14日 …………………	177
シーボルトノキ 10月18日 …………………	179
シキザクラ 11月27日 …………………	203
シキミ 8月13日 …………………	141
シコンノボタン …………………	*112*
枝垂れ梅（シダレウメ）2月19日 …	35
シダレザクラ 4月3日 …………………	62
シデコブシ 3月25日 …………………	55
シナサルナシ …………………	*158*
シナノキ 8月16日 …………………	143
シベリアアカマツ 9月20日 …………………	163
シマセンネンボク …………………	*29*
シモツケ 8月26日 …………………	148
ジャイアントセコイア …………………	*29*
シャクナゲ 6月9日 …………………	104
ジャスミン …………………	*122*
ジャノメエリカ …………………	*28*
ジャパニーズ・ウィンターベリー …	*199*
ジャパニーズ・ゴールデン・ベル …	*61*
シャラノキ …………………*121, 132*
シャリンバイ 1月5日 …………………	9
ジュウリョウ …………………	*9*
ジュラシック・ツリー 9月5日 ……	155
シュロ 7月2日 …………………	117
荘川桜（ショウカワザクラ）4月25日 ………………	74

シラカシ 9月15日	160
シラカバ 6月18日	108
シロマツ 9月29日	168
シロヤシオ	*207*
ジンチョウゲ 3月1日	43
スイカズラ 6月27日	113
スイフヨウ 9月2日	153
スエコザサ 4月24日	74
スギ 10月1日	171
スグリ 7月12日	122
スズカケノキ 6月1日	99
スダチ 8月11日	140
ストロベリー・ツリー	*214*
スプルース 7月6日	119
スモークツリー 5月31日	96
スモモ 3月31日	58
セイヨウサンザシ 12月26日	220
セイヨウトチノキ	*123*
セイヨウハコヤナギ	*160*
セイヨウヒイラギ 12月25日	219
セイヨウボダイジュ	*22*
セイヨウミザクラ	*106*
セコイア 2月8日	29
センダン 11月29日	204
センリョウ 12月29日	9, 221
ソープナッツ・ツリー	*220*
ソシンロウバイ	*18*
ソテツ 5月27日	94
ソバノキ	*66*
ソメイヨシノ 4月1日	61

タ 行

ダイオウショウ 5月8日	85
ダイオウマツ	*85*
タイサンボク 8月25日	147
ダイセンキャラボク	*158*
ダイダイ 1月3日	8
ダグラスーファー	*100*
タチバナ 5月1日	81
ダツラ 10月13日	177
タビビトノキ 5月16日	89
タブノキ 9月25日	166
タラヨウ 10月9日	175
ダンコウバイ 3月16日	50
チーク 11月4日	191
チェリー・セージ 12月11日	212
チェリモヤ 5月9日	85
チシマザクラ 5月26日	94
チャノキ 10月31日	186
チュウゴクグリ	*157*
チョウジノキ 1月13日	13
チョウセンアサガオ	*177*
チリマツ 9月18日	161
ツガ 7月26日	129
ツクシシャクナゲ	*104*
ツクバネウツギ	*161*
ツゲ 9月4日	154
ツタ 11月30日	204
ツツジ 4月20日	71
ツバキ「熊谷」 11月25日	202
ツバキ（紅白）2月26日	39
ツバキ（白） 3月21日	53
テイカカズラ 8月20日	145
デイゴ 8月14日	142
テッセン	*87*
テンプル・ツリー	*105*
ドイツトウヒ 8月28日	149
ドウダンツツジ 11月1日	189
トウナンテン	*40*
ドーン・レッドウッド	*77*
トキワアケビ	*195*
トキワサンザシ	*15*
トケイソウ 6月10日	104
トサミズキ 3月13日	49
トチノキ 6月28日	113
トネリバハゼノキ	*167*
トベラ 2月2日	26
トランペット・クリーパー	*128*
どんぐりの木 9月21日	163

ナ 行

ナギ 7月20日	126
ナツグミ	*154*
ナツツバキ 7月9日	121, *132*
ナツミカン 8月24日	147
ナツメ 9月13日	159
ナナカマド 11月9日	193
奈良八重桜（ナラヤエザクラ）4月9日	
	66
ナリヒラダケ 5月28日	95
ナワシログミ	*154*
ナンキンハゼ 8月9日	139
ナンテン 1月10日	12
ナンジャモンジャ	*88*
ニオイバンマツリ	*90*
ニオイヒバ 12月18日	216
ニシキギ 11月11日	194
ニセアカシア 6月15日	107
ニッケイ 6月12日	105
ニホングリ	*157*
ニレ 3月9日	47
ネコヤナギ 2月22日	37
ネムノキ 7月3日	118
ノイバラ 12月12日	212
ノウゼンカズラ 7月23日	128
ノボタン 6月26日	112

ハ 行

ハイビスカス 8月21日	145
バオバブ 6月29日	114
ハガキの木	*175*
ハギ 10月12日	176
バクチノキ 1月8日	11
ハクバイ → ウメ（白梅）	
ハグマノキ	*96*
ハクモクレン 3月18日	51
ハクレン	*51*
ハクレンゲ	*51*
ハゲシバリ	*108*
ハコネウツギ 5月19日	90
ハゴロモジャスミン 4月6日	64
ハゼノキ 11月3日	190
バタフライ・ブッシュ	*139*
蜂蜜の木（ハチミツノキ）	*113*
ハッサク 9月1日	153
パッション・フラワー	*104*
ハッセンカ	*102*
ハナイカダ 5月30日	96
ハナカイドウ 6月14日	106
ハナガサシャクナゲ	*47*
ハナキリン 3月20日	52
ハナズオウ 4月11日	67
ハナツクバネウツギ	*161*
バナナツリー 8月7日	138
ハナカエデ	*185*
ハナノキ 10月29日	185
ハナミズキ 4月26日	75
ハマナシ	*112*
ハマナス 6月25日	112
バラ（赤）4月23日	73
バラ（白）4月16日	69
バラ「テディベア」10月27日	184
バラ（ピンク）8月22日	146
パラゴムノキ	*157*
ハリエンジュ	*107*
バルサ 12月17日	215
ハンカチノキ 5月22日	92
ハンノキ 2月27日	39
パンノキ 4月12日	67
ヒイラギ 2月3日	26
ヒイラギナンテン 2月29日	40
ヒイラギモクセイ 11月21日	200
ヒイラギモチ	*219*
ヒカゲツツジ 1月20日	17
緋寒桜（ヒカンザクラ）	*16*
ヒガンザクラ 3月19日	52
ヒサカキ 11月23日	201

ヒトツバタゴ 5月14日	88	ベンジャミンゴムノキ 8月17日	143
ビナンカズラ	*181*	ポインセチア 12月23日	218
ヒノキ 2月11日	30	ホオノキ 7月22日	127
ヒマラヤスギ 1月11日	12	ボケ 2月21日	36
ヒメシャラ 7月31日	132	ボダイジュ 1月31日	22
姫橘（ヒメタチバナ）	*21*	ボタン 4月15日	69
ヒメミズキ	*51*	ボトル・ブラシ	*211*
ヒメヤシャブシ 6月17日	108	ポプラ 9月16日	160
ヒメリンゴ 6月24日	111	ホリー	*219*
百日紅（ヒャクジッコウ）	*136*	ホルトノキ 7月28日	131
ビャクシン 8月23日	146	ホンマキ	*27*
ヒャクリョウ	*9*		
ヒュウガミズキ 3月17日	50	**マ 行**	
ヒョウタンボク 8月18日	144		
ビヨウヤナギ 6月7日	103	マキ 2月5日	27
ピラカンサ 1月17日	15	マダケ 10月21日	181
ビワ 6月8日	103	マツ 1月1日	7
ブーゲンビレア 9月7日	156	マツコヤシ	*108*
フェニックス	201	マツリカ 7月11日	122
フサアカシア	*46*	マメザクラ	*82*
フサフジウツギ	*139*	マユミ 8月5日	137
フジ 5月2日	81	マルメロ 10月17日	179
フジザクラ 5月4日	82	マロニエ 7月14日	123
フチベニベンケイ	19	マングローブ 4月30日	78
ブッドレア 8月8日	139	マンゴー 7月15日	124
ブドウ 11月17日	198	マンサク 12月6日	209
ブナ 12月9日	211	マンリョウ 1月4日	9, *221*
フユザクラ 12月2日	207	ミズキ 3月22日	53
フユサンゴ 12月5日	209	ミズナラ 5月17日	89
ブラシノキ 12月10日	211	ミッキーマウスノキ 11月18日	198
フリソデヤナギ 1月18日	16	ミツバツツジ 3月29日	57
プルメリア 6月11日	105	ミツマタ 3月23日	54
ブレッド・フルーツ	*67*	ミモザ 3月8日	*20*, 46
ブンタン 12月20日	217	ミヤギノハギ 9月22日	164
ベイトウヒ	*119*	ムクゲ 8月15日	142
ベイヒ	*119*	ムクノキ 5月10日	86
ベイマツ 6月3日	100	ムクロジ 12月27日	220
ベイ・リーフ	*111*	ムニンノボタン	*112*
ベニバナミツマタ	*54*	ムベ 11月12日	195
ヘリオトロープ 10月30日	186	ムラサキシキブ 10月22日	182

ムラサキハシドイ	*91*	ユスラウメ 4月28日	76
メイ・フラワー	*220*	ユズリハ 12月31日	222
メタセコイア 4月29日	77	ユソウボク	*215*
モウソウチク 10月28日	185	ユッカ 8月12日	141
モッコウバラ 10月23日	182	ユリノキ 5月7日	84
モミ 7月29日	131	ヨーロッパグリ	*157*
モモ 3月3日	44	ヨーロッパヤマナラシ	*160*
モンキー・パズル	*161*	ヨメノナミダ	*96*
モンキーポッド 7月16日	124		
モンゴリナラ 11月26日	202		

ヤ 行

ラ行・ワ行

ヤクシマシャクナゲ 6月2日	99	ライラック 5月20日	91
屋久杉（ヤクスギ）8月2日	135	ラベンダー 7月19日	126
ヤシ 7月13日	123	ラワン 2月15日	32
ヤツデ 12月8日	210	リキュウバイ 2月28日	40
ヤドリギ 12月24日	219	リグナムバイタ	*215*
ヤブコウジ 1月16日	*9,15*	リョウブ 10月16日	178
ヤブツバキ 1月25日	19	リラ	*91*
ヤマザクラ 2月16日	33	リンゴ 10月11日	176
ヤマナシ 11月20日	199	リンネソウ 5月23日	92
ヤマナラシ 8月27日	148	ルリヤナギ 9月26日	166
ヤマハギ	*176*	レインボーシャワー 3月7日	46
ヤマブキ 4月7日	64	レモン 10月5日	173
ヤマフジ	*81*	レンギョウ 4月2日	61
ヤマボウシ 7月27日	130	レンゲツツジ 6月16日	107
ヤマモモ 6月22日	110	ロウバイ 1月22日	18
ユーカリ 10月25日	183	ローズマリー 9月8日	156
ユキツバキ 6月5日	101	ローレル	*111*
ユキヤナギ 3月26日	55	ロビラキ 11月10日	194
ユズ 12月22日	218	ワタ 7月4日	118

記念日一覧

本書の中で話題として取りあげたおもな記念日をまとめた。

アイスクリームの日	5月9日	小笠原返還の日	6月26日
愛知万博開幕の日	3月25日	お寺の日	毎月第2土曜
愛知万博閉幕の日	9月25日	織田有楽斎の忌日	12月13日
愛鳥週間開始の日	5月10日	オリンピック・デー	6月23日
葵祭	5月15日	オレンジ・デー	4月14日
あかりの日	10月21日		
あじさい忌	7月17日	香りの日	10月30日
アメリカ合衆国独立記念日	7月4日	柿の日	10月26日
嵐寛寿郎生誕の日	12月8日	梶葉忌	5月11日
ありがとうの日	3月9日	風邪の日	1月9日
いい夫婦の日	11月22日	カナダのナショナル・デー	7月1日
イチゴの日	毎月15日	歌舞伎の日	2月20日
一茶忌	11月19日	上高地「山開き」	4月27日
伊藤圭介の忌日	1月20日	紙の日	12月16日
井上靖の忌日	1月29日	カメハメハ大王生誕の日	6月11日
隠元禅師生誕の日	11月4日	賀茂祭	5月15日
隠元禅師来日の日	7月5日	『落葉松』創作の日	8月4日
インドネシア独立記念日	8月17日	鑑真和上の忌日	6月6日
ウィーン議定書締結の日	6月9日	奇跡の人の日	6月27日
ウェストン祭	6月第1土曜	喫茶店の日	4月13日
海の日	7月20日	キノコの日	10月15日
	（現在は7月第3月曜）	木の日	10月8日
ウルシの日	11月13日	木原均の忌日	7月27日
映画『黒部の太陽』封切り日	2月17日	金の日	1月24日
映画『そよかぜ』封切り日	10月11日	勤労感謝の日	11月23日
越中おわら風の盆	9月1日〜3日	櫛の日	9月4日
円の日	3月4日	楠木正成の忌日	5月25日
応神天皇生誕の日	12月14日	熊谷直実出家の日	11月25日
桜桃忌	6月13日	グラント玉蘭記念植樹の日	8月25日
オーストラリアのナショナル・デー	1月26日	車点検の日	9月10日
		クルミの日	9月30日
大坂冬の陣終結	12月19日	黒の日	9月6日

黒船来航の日	6月3日	住宅公団設立の日	7月25日
黒船祭り	5月16日～18日	シューベルト生誕の日	1月31日
慶月院の忌日	7月29日	勝負事の日	1月8日
ケーキの日	1月6日	植物学の日	4月24日
下駄の日	7月22日	白樫神社「白樫踊り」奉納日	9月15日
建国記念日	2月11日	白樺湖祭り	6月18日
建長寺開山忌	8月23日、24日	白神山地世界遺産指定の日	12月9日
コアラ来日の日	10月25日	白川郷世界遺産指定の日	12月6日
小石川養生所開設の日	12月4日	知床開き	6月第3土
小泉八雲の忌日	9月26日	菅原道真の忌日	2月25日
恋人たちの日	11月11日	炭の日	9月19日
孔子生誕の日	9月28日	清掃の日	9月24日
幸田露伴の忌日	7月30日	聖母マリア生誕の日	9月8日
幸福の日	2月9日	世界禁煙デー	5月31日
弘法大師供養の日	4月21日	世界食糧デー	10月16日
コカ・コーラ発売の日	6月30日	世界本の日	4月23日
国際女性デー	3月8日	世界郵便デー	10月9日
国際青少年デー	8月12日	石炭の日	9月5日
国際生物多様性の日	5月22日	全国育樹祭	10月14日
国連の日	10月24日	千利休の忌日	2月28日
国連水の日	3月22日	漱石の日	2月21日
湖水祭	7月31日		
		大韓民国独立宣言の日	8月15日
西行の忌日	2月16日	太閤忌	8月18日
桜島大噴火の日	1月12日	高山祭り	4月14、15日、10月9、10日
サクラの日	3月27日	ダズンローズ・デー	12月12日
砂糖の日	3月10日	七夕祭り	7月7日
砂漠化及び干ばつと戦う世界デー		種子島鉄砲祭り	7月第4土
	6月17日	たばこの日	1月13日
珊瑚の日	3月5日	旅の日	5月16日
サン・ジョルディの日	4月23日	タワシの日	7月2日
サン=テグジュペリ生誕の日	6月29日	端午の節句	5月5日
シーボルトの忌日	10月18日	壇ノ浦の戦いの日	3月24日
自然保護の日	5月17日	地球と水を考える日	3月22日
時代祭の日	10月22日	チャップリン・デー	4月16日
シャーマン将軍生誕の日	2月8日	茶の日	10月31日
釈迦入滅の日	2月15日	蝶の日	8月8日
終戦記念日	8月15日	チリの独立記念日	9月18日

栂池自然園開園の日	7月26日	バナナの日	8月7日
紬の日	毎月5日	花祭り	4月8日
定家忌	8月20日	パリ祭	7月14日
テディベア誕生の日（テディベア・デー）	10月27日	バレンタイン・デー	2月14日
		ハワイ島発見の日	3月7日
東大寺修二会	2月26日	ハンコの日	8月5日
灯台の日	11月1日	パンダ来日の日	10月28日
頭髪の日	10月20日	パンの日	4月12日
動物園の日	3月20日	ピアノの日	7月6日
童謡『小さい秋みつけた』発表の日	11月3日	飛行機の日	12月17日
		日立製作所創立記念日	7月16日
童謡『みかんの花咲く丘』創作の日	8月24日	雛祭り	3月3日
		日比谷公園開園の日	6月1日
童謡『椰子の実』発表の日	7月13日	119番の日	11月9日
時の記念日	6月10日	110番の日	1月10日
都市景観の日	10月4日	広島原爆忌	8月6日
ドレミの日	6月24日	富士山の日	2月23日
		ブラジル建国記念日	9月7日
長崎原爆忌	8月9日	フランス革命記念日	7月14日
七草粥の日	1月7日	古川祭り	4月19日～20日
業平忌	5月28日	平安遷都の日	10月22日
日英同盟締結の日	1月30日	ベースボール記念日	6月19日
日中正常化の日	9月29日	碧梧桐忌	2月1日
日本酒の日	10月1日	ベトナム戦争終結の日	4月30日
ニュージーランドのナショナル・デー	2月6日	ベルギーのナショナル・デー	7月21日
		ヘンリー7世即位の日	8月22日
猫の日	2月22日	ボーリング博士の忌日	11月28日
ネパール国家統一の日	1月11日	『星の王子さま』の日	6月29日
ノーベル賞授与式	12月10日	ボジョレヌーボー解禁日	11月第3木曜
乃木希典の忌日	9月13日	ホワイト・デー	3月14日
バイオリンの日	8月28日	牧野富太郎生誕の日	4月24日
博士の日	5月7日	麻酔の日	10月13日
白秋忌	11月2日	マッチの日	9月16日
箱根神社「湖水祭」	7月31日	松の日	5月8日
芭蕉の忌日	10月12日	マンゴーの日	7月15日
働く女性の日	3月8日	みかんの日	12月3日
八甲田山の日	1月23日	美空ひばりの忌日	6月24日

道の日	8月10日	野菜の日	8月31日
ミッキーマウス誕生の日	11月18日	八橋忌	6月12日
緑の行進記念日（モロッコ）	11月 6日	「柳の宮」神社例大祭	8月1日、2日
みどりの日	4月29日	藪入り	1月16日、7月16日
ミモザの日	3月 8日	山口淑子生誕の日	2月12日
宮沢賢治忌	9月21日	ユキツバキ発見の日	6月 5日
宮沢賢治生誕の日	8月27日	楊貴妃の忌日	6月14日
『武蔵野』刊行の日	3月11日	楊枝供養の日	1月15日
明治天皇大葬の日	9月13日		
メイフラワー号アメリカ到達の日		林檎忌	6月24日
	12月26日	リンネ生誕の日	5月23日
桃の節句	3月 3日	ルーズベルト生誕の日	10月27日
森鷗外の忌日	7月 9日	レモン忌	10月 5日
モンゴルの建国記念日	11月26日	連翹忌	4月 2日
		ロイヤル・オーク・アップル・デー	
焼き肉の日	8月29日		5月29日
屋久島「ご神山祭り」	8月第1土日	ロバート・フック生誕の日	7月18日

私の記念日　*Personal Anniversary*

___

___

___

___

___

___

___

___

___

___

写真提供・取材協力

写真提供者一覧（五十音順）

Diamond Head Club、ジュン・加藤（レインボーシャワー）

大分県カボス振興協議会（カボス）

大畑敬（ルリヤナギ）

勝見康生（アオモリトドマツ）

カナダ林産業審議会（スプルース）

加茂市役所（ユキツバキ）

河津町役場（カワヅザクラ）

在日モロッコ大使館（アルガンツリー）

荘川観光協会（ショウカワザクラ）

高橋俊一（バルサ）

長岡市役所（ロビラキ）

長崎市教育委員会（シーボルトノキ）

西薗幸弘（サクラジマミカン、ヤクシマシャクナゲ、ヤクスギ）

日本新薬株式会社（ヒメコラ、チョウジノキ）

八坂書房（クロモジ、他）

取材協力機関等一覧（五十音順）

上野動物園

オーク・ヴィレッジ

大阪万博記念公園

京都府立植物園

小石川植物園

神代植物園

多摩森林科学園

東京農業大学

名古屋市立鶴舞公園

名古屋市立東谷山フルーツパーク

名古屋市立東山植物園

日比谷公園グリーンアーカイブズ

夢の島熱帯植物館

著者紹介

椋　周二（むくのき・しゅうじ）

1950年島根県益田市生れ。
京都大学工学部建築科修士課程終了後、建設省（現・国土交通省）入省。海外赴任も含め、建築・住宅行政に携わる。2002年退職後、2005年日本国際博覧会協会で会場整備・環境担当の事務次長。2006年より現・（財）建築行政情報センター専務理事。趣味は日曜大工、ガーデニング、テニス。俳句は兼六園と落柿舎で選句となったこともある。

誕生樹 —日々を彩る 366の樹木

2007年11月30日　初版第1刷発行

著　者　　椋　　周　二
発行者　　八　坂　立　人
印刷・製本　モリモト印刷（株）

発行所　　（株）八坂書房
〒101-0064 東京都千代田区猿楽町1-4-11
TEL.03-3293-7975　FAX.03-3293-7977
URL. http://www.yasakashobo.co.jp

ISBN 978-4-89694-901-8　　落丁・乱丁はお取り替えいたします。
　　　　　　　　　　　　　　無断複製・転載を禁ず。
©2007 Shuji MUKUNOKI